Weave 织美堂

钩针花样全集

473款

张翠 主编

辽宁科学技术出版社

·沈阳·

主　编：张翠

编组成员：刘晓瑞　田伶俐　张燕华　吴晓丽　贾雯晶　黄利芬　小　凡　燕　子　刘晓卫　简　单　晚　秋　惜　缘　徐君君　爽　爽　郭建华　胡　芸　李东方　小　凡　落　叶　舒　荣　陈　燕　邓瑞飞　蛾　刘金萍　谭延莉　任　俊　风之花　蓝云海　泇果是　欢乐梅　一片云　花狍子　张京运　逸　瑶　梦　京　莺飞草　李　俐　张　霞　陈梓敏　指花开　林宝贝　清爽指　大眼晴　江城子　忘忧草　色女人　水中花　蓝　溪　小　草　小　乔　陈小春　李　俊　黄燕莉　卢学英　赵悦霞　周艳凯　傲雪红梅　香水百合　暖绒香手工坊　蓝调清风　暗香盈袖　果果妈妈

图书在版编目（CIP）数据

钩针花样全集473款/张翠主编. — 沈阳：辽宁科
学技术出版社，2021.5（2024.8重印）
　ISBN 978-7-5591-1833-2

　Ⅰ.①钩 … Ⅱ.①张 … Ⅲ.①钩针— 编织 — 图集
Ⅳ.①TS935.521 – 64

中国版本图书馆CIP数据核字（2020）第200793号

出版发行：辽宁科学技术出版社
　　　　　（地址：沈阳市和平区十一纬路25号 邮编：110003）
印 刷 者：辽宁新华印务有限公司
经 销 者：各地新华书店
幅面尺寸：210mm×285mm
印　　张：8.5
字　　数：200千字
出版时间：2021年5月第1版
印刷时间：2024年8月第6次印刷
责任编辑：朴海玉
封面设计：张　霞
版式设计：张　霞
责任校对：闻　洋　王春茹

书　　号：ISBN 978-7-5591-1833-2
定　　价：49.80元

联系电话：024 - 23284367
邮购热线：024 - 23284502
E-mail：473074036@qq.com
http://www.lnkj.com.cn

Contents 目录

Chapter 1 第一章 入门必学

常用针法

= 长针

立3针

①钩出起针段。挂线后将钩针插入第5针的针圈，并拉出1个针圈。

②挂线，依箭头方向钩出线圈。

③再挂线，依箭头方向钩出线圈。

④完成的形状。

= 1针里钩2针短针

①在同一个地方，钩2针短针。

②完成的形状。

= 长长针

立4针

①钩出起针段。绕两圈线，将钩针插入第6针的针圈，并钩出线圈。

②钩针挂线，依箭头方向钩出线圈。

③再挂线，依箭头方向钩出线圈。

④挂线后依箭头方向钩出线圈。

⑤完成的形状。

＋ = 短针

挂在食指上的线

立1针

起针

①依箭头方向插入第1针的针圈，将线往后钩。

②钩出1针后再挂线，并依箭头方向钩出第2针。

③完成的形状。

= 逆短针

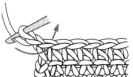

①依箭头方向插入钩针。

②挂线后依箭头方向钩出线圈。

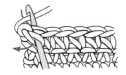

= 中长针

立2针

起针

①先绕一圈线，再依箭头方向插入第3针的针圈，将线往后钩出。

②挂线，依箭头方向钩出线圈。

③完成的形状。

③再挂线，依箭头方向钩出线圈。

④完成的形状。

= 锁针

①绕线钩出线圈。

②再绕线钩出线圈。

③钩出所需的针数。

= 引拔针

①依箭头方向插入钩针。

②挂线后依箭头方向一次钩出线圈。

③完成的形状。

= 内钩短针

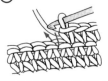

①从反面沿着箭头方向插入钩针。

②钩短针。

③完成的形状。

= 内钩长针

①针上绕线，然后依箭头方向从织片后面绕上行长针，针身插针，将线往后钩出。

②挂线，依箭头方向钩出线圈。

③完成的形状。

5 = 外钩长针

   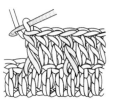

①挂线，依箭头方向插入钩针。　②沿着箭头方向钩线。　③每次钩2个线圈，并连续钩2次。　④完成的形状。

= 逆长针交叉针

①用长针钩法钩线。　②从背面向前1针插入钩针。　③接着，用长针钩法钩线。　④完成的形状。

= 5 长针的爆米花针

  (图)

①用长针针法钩编。　②同一入针处钩5针长针。　③挂线后依箭头方向钩线。　④重新挂线，钩1针锁针。　⑤完成的形状。

= 长针交叉针

①用长针针法钩编。　②挂线后向前1针插入钩针。　③钩2个线圈。　④再次钩2个线圈。　⑤完成的形状。

= 短针的圆筒钩法（单面钩织）

 ①在第1针内插入钩针，然后挂线从第1针钩线。　 ②钩1针锁针，然后向锁针孔内插入钩针。　 ③挂线后钩线。　 ④完成的形状。

= 短针的双面钩织

 ①翻转织片。　 ②向锁针孔内插入钩针。　③挂线后钩线。

 ④再翻转织片。　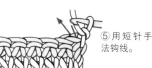 ⑤用短针手法钩线。　⑥完成的形状。

= 3 长针的玉米针

①挂线，只引拔2个线圈。

②在一个地方重复钩3次，然后1次引拔。

③完成的形状。

∧ = 短针2针并1针

①依箭头方向插入钩针。

②钩出1针，然后插入下一针。

③挂线后1次钩3个针圈。

④完成的形状。

直边的缝合方法

1. 卷针缝合

以长针为主的织片经常使用这种缝合方法。粗线编织时使用这种方法可以使连接部分工整美观，但是这样的方法不适合有线结的织片。

①将织片对齐、重叠，将端部的半针作为连接边，开始在连接处交叉缝2次。

②从后侧开始插针，一边从前面连针一边交叉缝合。

③在连接的过程中要保持花样不被拆散。

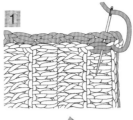
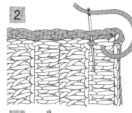
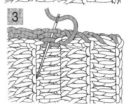

2. 锁针缝合

这是最简单的连接方法，大部分的织片都可以使用。但是如果1行的高度和锁针的尺寸不符合，连接缝合的部分就可能过松或者过紧，因此要特别注意。

①将织片对齐、重叠，缝针插入起针的半针处，然后开始缝合。

②合并花样图案的重点部分，间隔编织锁针，将缝针插入花样图案的重点部分后缝合。

③重复步骤②。

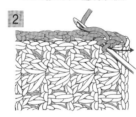
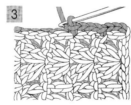

3. 反针缝合

像长针一样有1行高度差时或者是端部伸缩时使用，但是它与短针一样，里侧的针都不均匀。

①将织片对齐、重叠，将端部半针作为连接部位。

②按照反针缝合的要领一针针地反复缝。

③为了不使编织行错位，一定要注意缝合的位置。

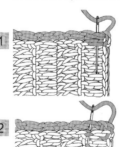
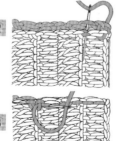

4. 引拔针缝合

厚织片（如毛线大衣等）经常使用这种方法连接，牢固不易变形。

①将织片对齐、重叠，缝针插入起针处。

②按照相同的步骤缝合。

③注意不要缝得过紧。

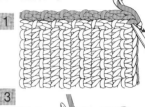
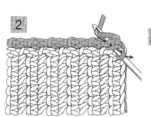

5. 搭缝缝合

（1）织片的第1行高度比较高时使用这种方法可以使连接部分更美观，但里侧的连接边略厚。

①将织片翻到正面后将两片的端部对齐，再将端部半针作为连接端，像分开前面的锁针一样先缝1针，从上侧长针的根部开始按照箭头方向缝。

②按照同样要领相互交替地缝合。

③为了不使编织行错位，注意缝合时要一一对应。

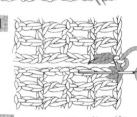
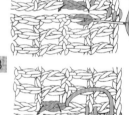

（2）当织片全部使用长针编织时适合使用这种连接方法，数出端部的1针后编织织片，连接锁针编织。

①将织片翻到正面后再将两片的端部对齐，从长针根部缝合。

②上侧也一样，跳过立起的锁针后缝长针。

③为了不使编织行错位，一定要注意缝合的位置。

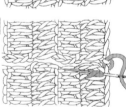
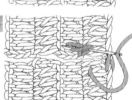
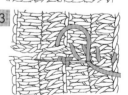

6. 短针缝合

连接时，使用比编织钩针略细一号的针。

①将织片对齐、重叠，端部的1针作为连接使用的边，将前侧和后侧的针一起缝合。

②在两片上一起编织短针。短针连接可以使编织片很平整。

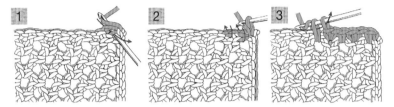

7. 打结缝合

最适合连接质地柔软的织片时使用，连接部分很平整。

①一边做每一行的结针一边连接。

②注意编织行不要错位。

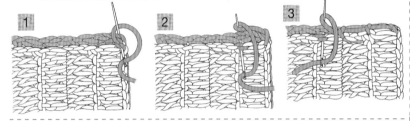

斜边的缝合方法

1. 卷针缝合

适合粗线、镂空花样。

①将织片对齐、重叠，缝针从织片锁针小辫下插入，再从前侧织片抽出。

②从后侧织片向前面一针针地穿过，也就是一边重叠着花样一边从左到右缝合。

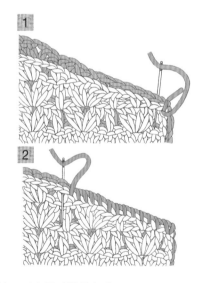

2. 引拔针缝合

这种方法可以阻止缝合部分的伸缩，适合厚质地的织片。

①将织片对齐、重叠，将钩针从前面向后面穿入后拉出线圈。

②同样逐针引拔缝合，但是在缝合时一定要注意引拔的针不能拉太紧。

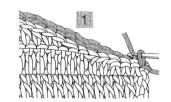 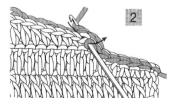

3. 搭缝缝合

用这种方法缝合的针不均匀，所以不适合用于镂空部分多的织片。

①将织片翻到正面后对齐，从右端开始横缝前侧半针。

②后侧缝1针，返回到前侧缝第1针的半针和下一针的半针。按照同样要领交替缝合。

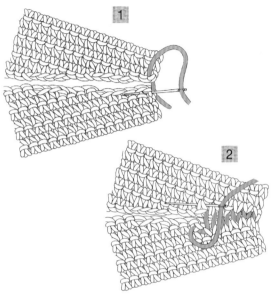

4. U字缝合

此方法简单，缝合痕迹不明显。锁针多的镂空织片不易接缝，所以避免使用。

①将织片翻到反面后对齐，将缝针从前侧向后侧的端针插入，从后侧的第2针插入前侧的第2针。

②按照同样要领缝合。

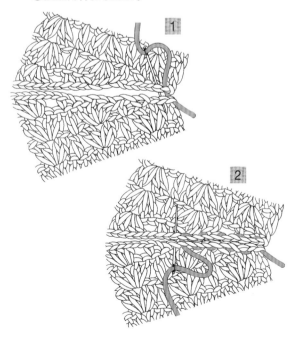

5. 反针缝合

将编织片重叠，按照反针缝的要领进行缝合。

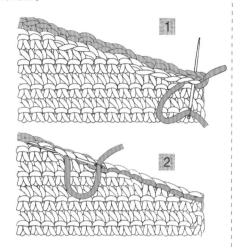

6. 锁针缝合

适合镂空图案织片的缝合方法。注意编织的锁针不能太紧，也不能太松。

①将织片对齐、重叠，将钩针穿入各自的端针后一起钩织，并和花样图案的中心部分间隔编织锁针。

②将钩针插入花样的中心部分后钩织。

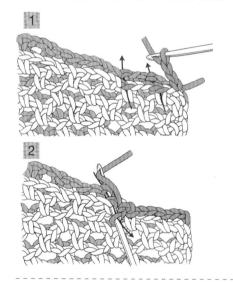

钩花的连接方法

1. 卷针交叉的缝锁连接

（1）半锁针用卷针交叉缝合。

①将花样图案翻到正面后对齐、重叠，反针缝合锁针上靠外侧的半针。

②将针从上侧开始插入，从下侧钩出，逐针卷缝。

③横、竖方向全部连接缝合后，再连接缝合另一方向。在4片图案拼接后的中心位置上，线呈交叉状态。

（2）整针用卷针交叉缝合。

与半锁针时的步骤一样交叉缝合，要注意对应缝合的是一个完整的锁针。

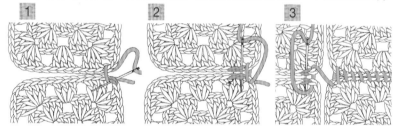

2. 搭缝连接

①将花样图案翻到正面后对齐、重叠，织片的外侧半针作为连接端，反针缝合锁针的一角。

②从这一步开始——对应缝合。

③横、竖方向全部连接缝合后，再连接缝合另一方向。在4片图案拼接后的中心位置上，线呈交叉状态。

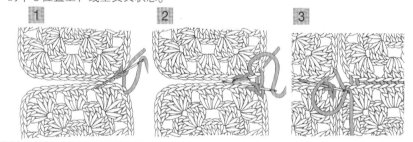

3. 引拔针连接

①将花样图案翻到正面后对齐、重叠，将线连在下侧的花样上后按照箭头方向将编织针插入上侧的花样。

②挂线钩引拔针。

③将编织针插入下侧的花样后引拔。

④一针针相互交替钩织。横、竖方向全部连接缝合后，再连接缝合另一方向。在4片图案拼接后的中心位置上，线呈交叉状态。

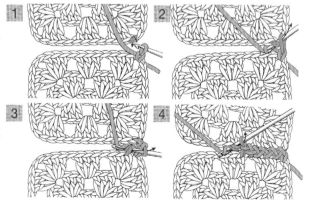

4. 换针连接

1　编织至连接的位置，将针抽出，然后将针插入另一片花样的环上后再插入原来的针内。

2　继续编织锁针。

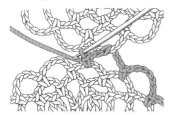
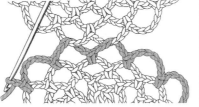

3　连接2片花样。

4　按照同样要领连接指定的位置，连接完成2片花样。

5. 抽拉编织连接

1　一边编织至连接的位置一边将针插入另一片花样，挂线后钩织。

2　编织锁针，编织连接第1片花样。

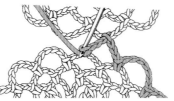

3　按照同样要领连接指定位置，连接完成2片花样。

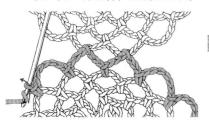

6. 短针连接

1　一边编织至连接的位置一边将编织针插入另一片花样，编织短针。

2　编织锁针，编织连接第1片花样。

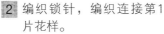

3　按照同样要领连接指定位置，连接完成2片花样。

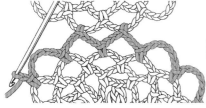

不规则花样边缘加针

1. 方眼编织中斜线的加针

（长针1针、锁针1针的方眼编织）

转行时立起的锁针是倾斜的。如①一样，斜线在长针与长针之间时，没有横向的锁针，在立起的锁针上增加1针。在另一行的相反侧如②一样，在下行的端针编织2针长针后使其倾斜。

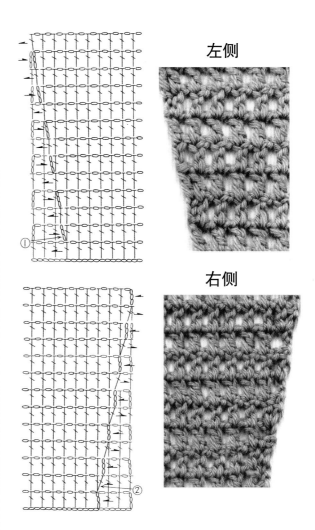

左侧

右侧

2. 方眼编织中曲线的加针

可以使用与斜线加针时相同的方法。试编织出同样长度的锁针，如①一样编织4针锁针，这时同一行的相反侧比长针的长度略长，如果不能，就如②一样编织长长针，将端部吊起。

左侧　　　　　　右侧

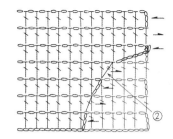

3. 在方眼编织途中加针

在集中的位置上加针：　　**分散加针：**

在第1行上增加2针。在加针的中心针两侧相互交替加针。

分出若干个加针的位置，均匀加针，这时在一个位置上加出2针，所以计算的时候一定要注意。

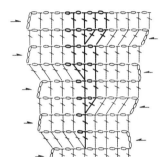　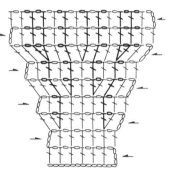

4. 网状编织中斜线的加针

斜线加针可以通过计算得出，但是因为每行的编织是山形的，所以要结合斜线试画出加针记号图，并且画出沿斜线立起的锁针。这时，如果画出的锁针大小与网眼编织的大小相同，那么如①一样钩2针锁针立起；如果沿网眼的曲线画1针锁针，就会缺半针网眼。同一行相反侧的斜线如②一样完成行的编织，所以编织与立起的锁针同样高度的中长针。下面的一行是从网眼的半山开始在每行都增加1山，如果同③一样结合斜线，那么网眼的山就是2针锁针。

左侧　右侧

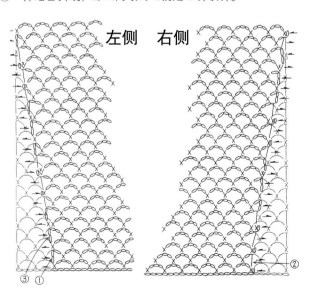

5. 网状编织中曲线的加针

与斜线加针要领相同，但是根据线的长度立起的锁针是同①一样的3针，另外同一行相反侧的编织完成是同②一样的长针编织。

左侧

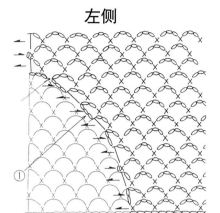

右侧

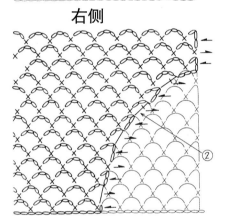

6. 在网状编织途中加针

分散的加针方法：

这种方法就是在每一行上增加1山的大小。根据增加网眼锁针的针数扩大宽度，增加长度。如果在一行上增加全部的花样，织片就会过大，所以必须一次计算出加针的针数，决定出每部分增加多少个花样。

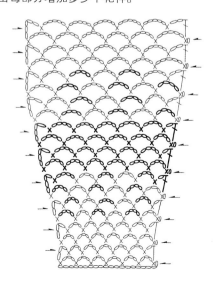

挑针方法

　　当衣身片的编织与钩边（衣边）的编织不同时，因为规格不同，所以应在编织边缘前就做出钩边编织的样片，数出10cm以上的针数，通过这个数计算出钩边时需要挑多少针。另外，使用配色线编织边缘时，将第1行作为底线，还用本色线编织，从第2行开始再使用配色线。注意编织出的针大小要一致。

1. 从编织针上挑针

　　（1）挑开始编织的起针时。

　　使用短针或长针编织时，一边挑锁针的起针一边进行编织。使用花样编织时，在边缘一周挑的方法很少，这时一边跳过起针的锁针一边编织边缘的第1行，跳过的位置尽量选择编织片中不醒目的位置。这种挑针方法适合粗线编织时使用。

 短针编织。　 长针编织。　花样编织。

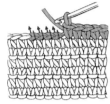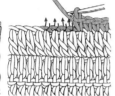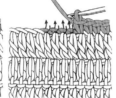

　　（2）在锁针上挑针。

　　使用花样编织，跳过起针的若干锁针编织时，可以先算好每一个花样里面该挑出几针会使织片平整，再依次挑针。这种方法适合编织中细程度以下的线时使用。

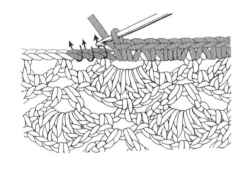

2. 从编织片上挑针

　　（1）织片收针断线后挑针。

　　适合粗线以上的线编织时使用。

　　①短针：收针断线后编织短针，挑起锁编上的1针。

　　②长针：收针断线后从编织片端部的一针开始挑针。

短针　　　　　　长针

　　（2）穿过端针时。

　　适合中细程度的线材编织时使用。因为挑针部分没有凹凸，不适合粗线使用。

　　①短针编织：将编织针插入端部1针内侧，像卷住端针一样钩短针。立起的一端挑1针锁针立起。

　　②镂空花样编织：将编织针插入端部1针的内侧，与编织短针时一样。

短针编织　　镂空花样编织

3. 从曲线上挑针

　　端针成弧线时测量出弧度的尺寸，计算出边缘的针数。因为边缘的弧度不同，所以每行的状态都有所不同，因此很难挑针。如果在曲线边上用线分段做上记号，在这之间计算出挑针针数后，再在领口两侧挑同样针数，这样就简单多了。另外，从直线上挑针也可以参照以下方法。

　　（1）短针编织完第1行后将织片进行调整。

　　用编织线编织边缘时第1行必须编织短针，编织出的弧度曲线会很美观。

　　（2）引拔编织完第1行。

　　使用配色线编织边缘时引拔编织第1行，在编织第2行时编织线就不那么明显了，完成的弧度曲线会很美观。

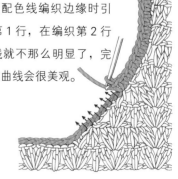

Chapter 2
第二章 精选钩针花样

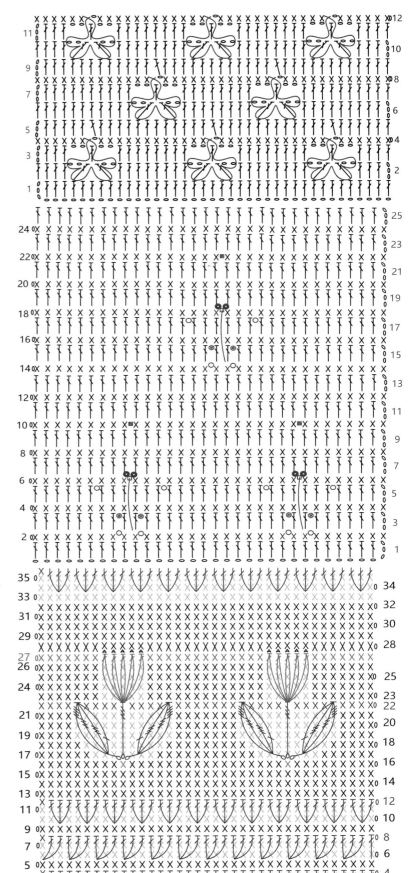

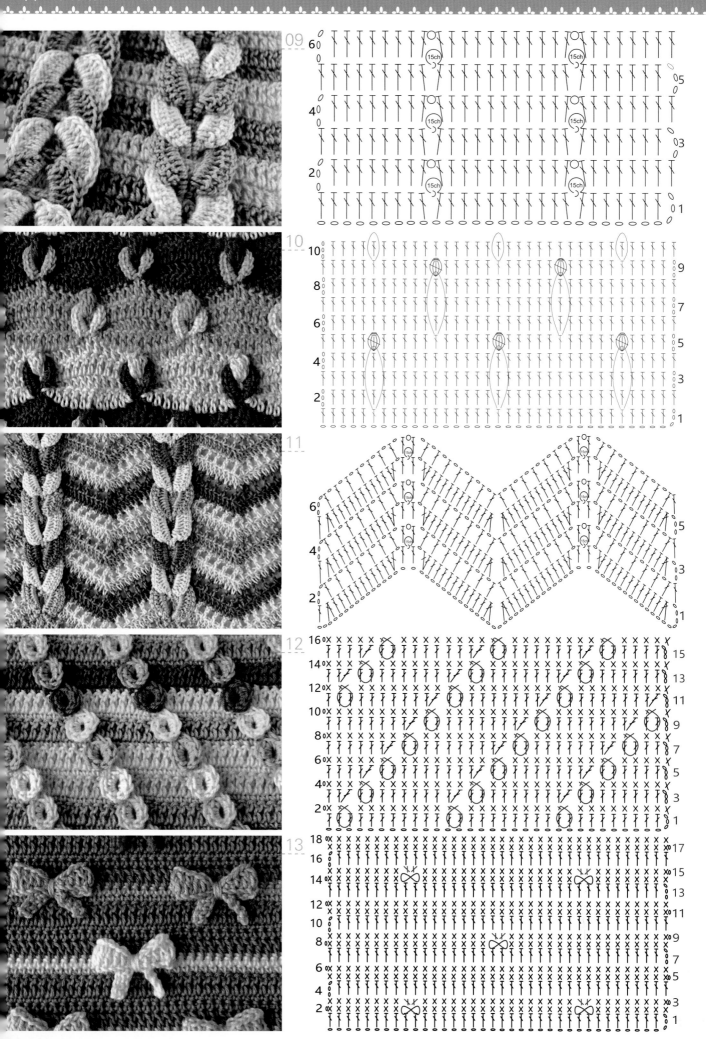

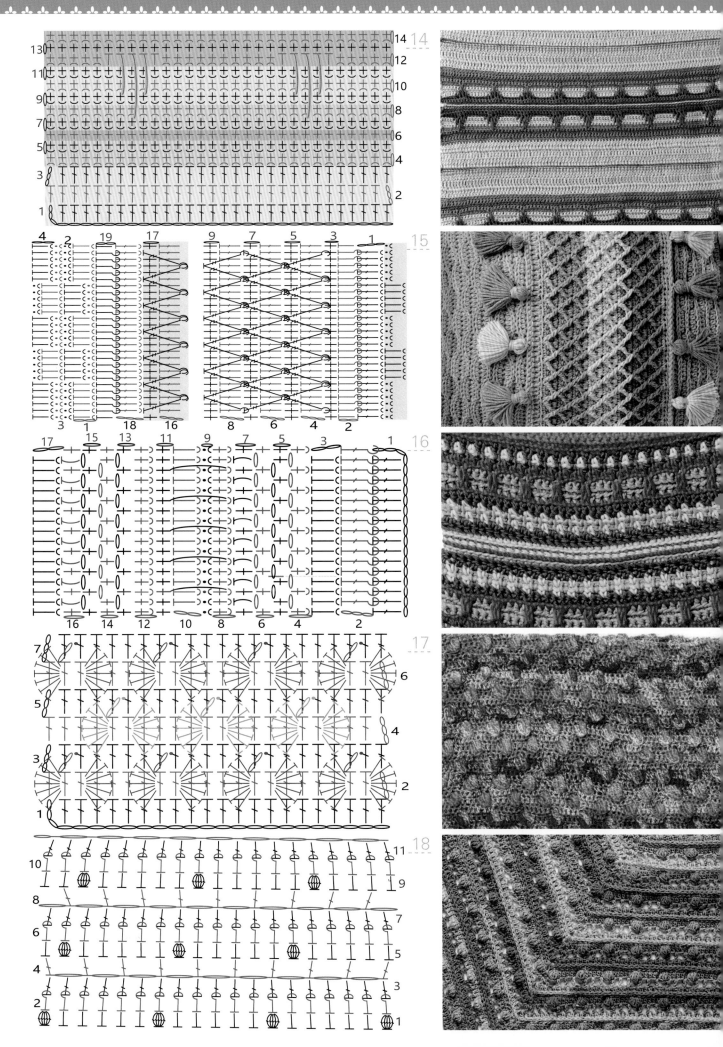

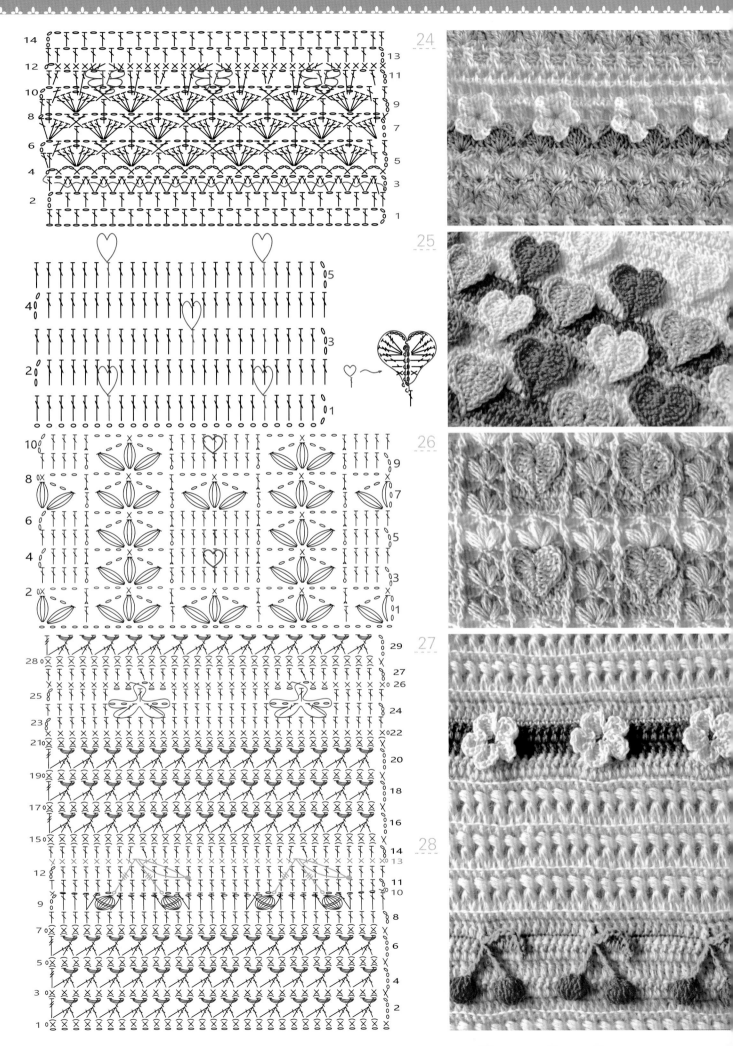

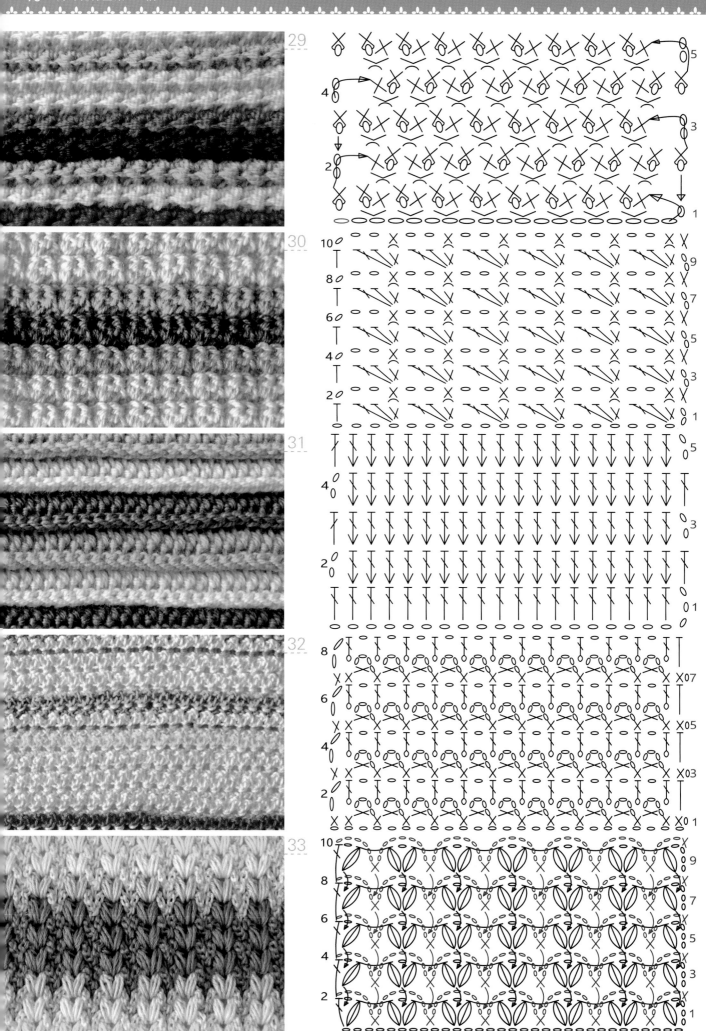

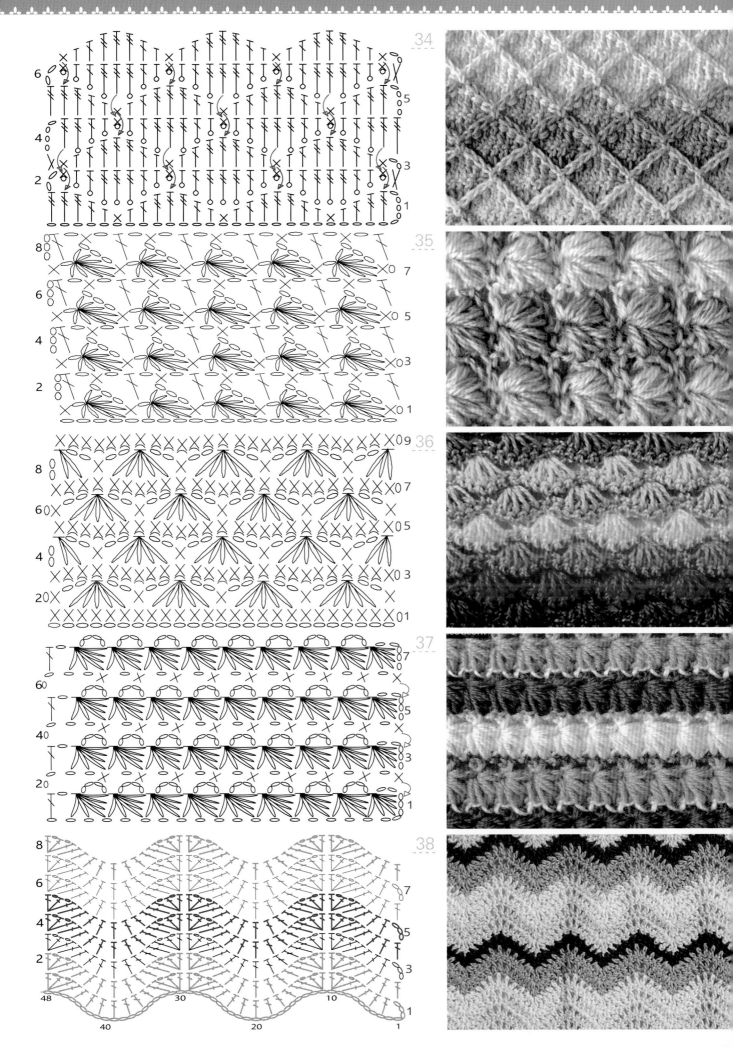

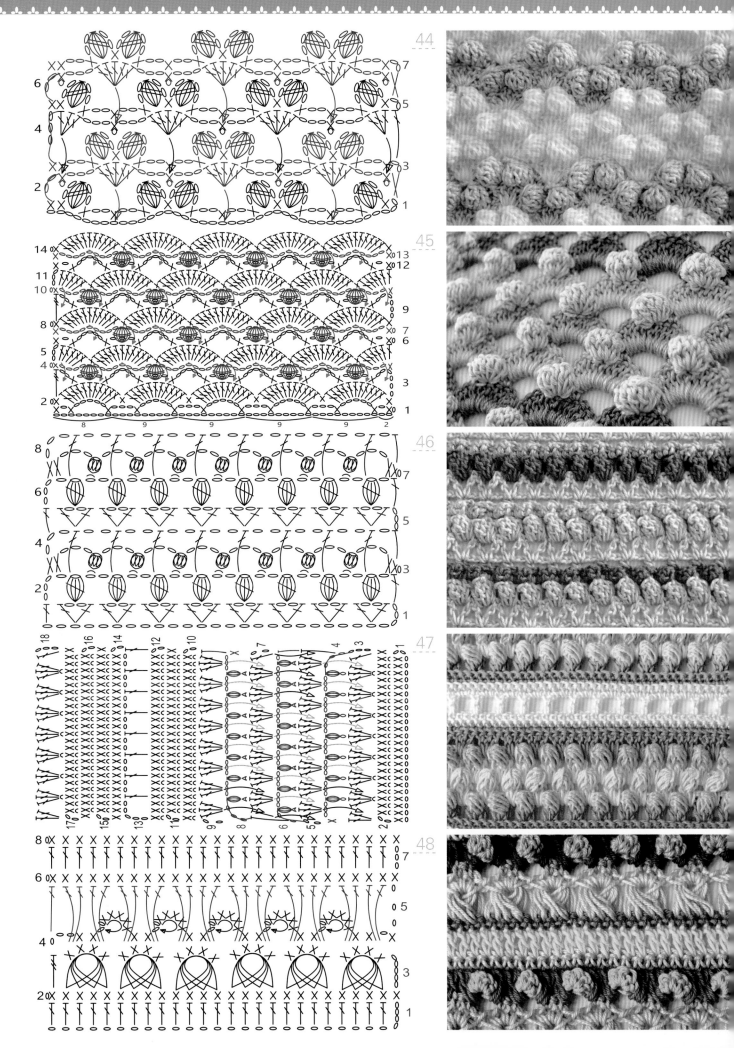

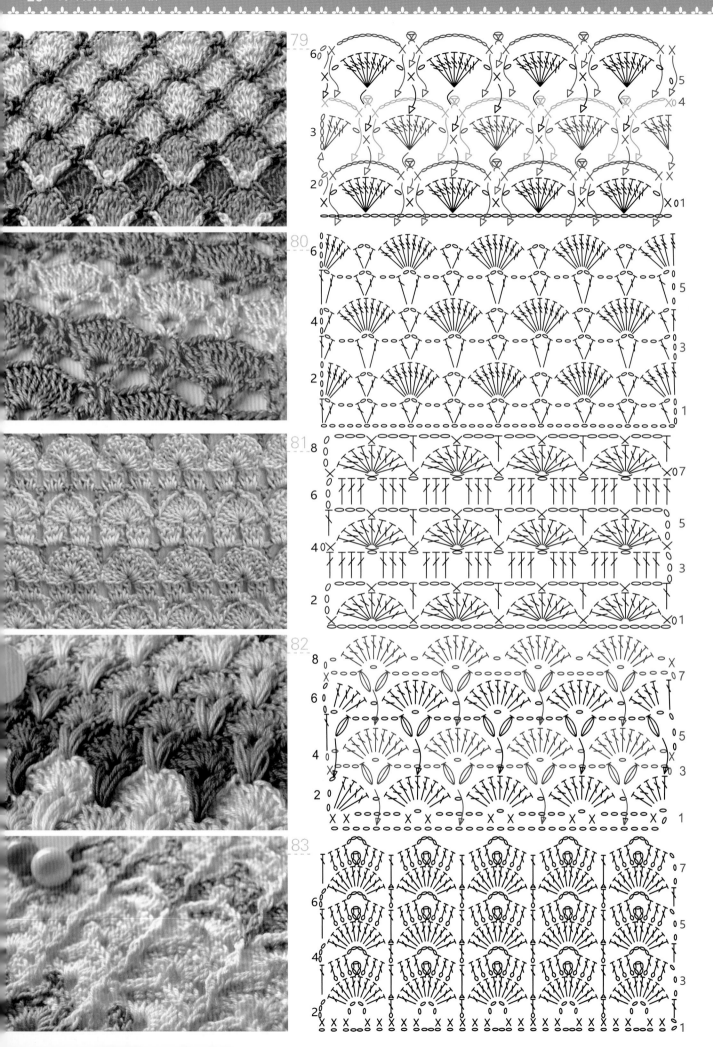

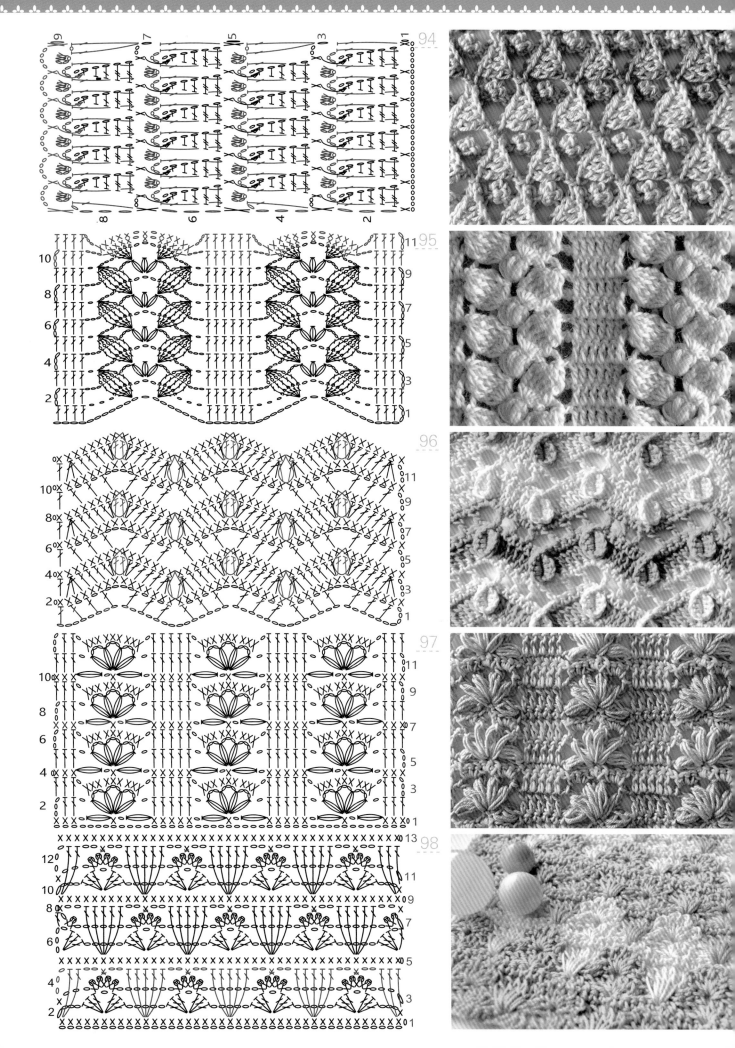

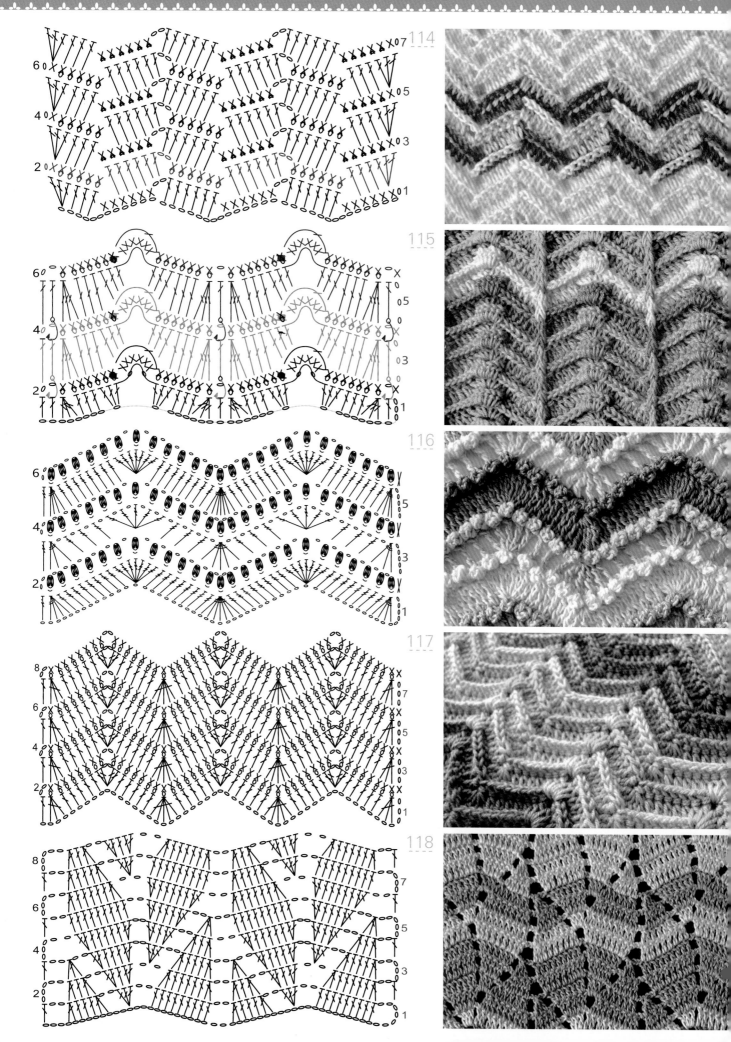

114

115

116

117

118

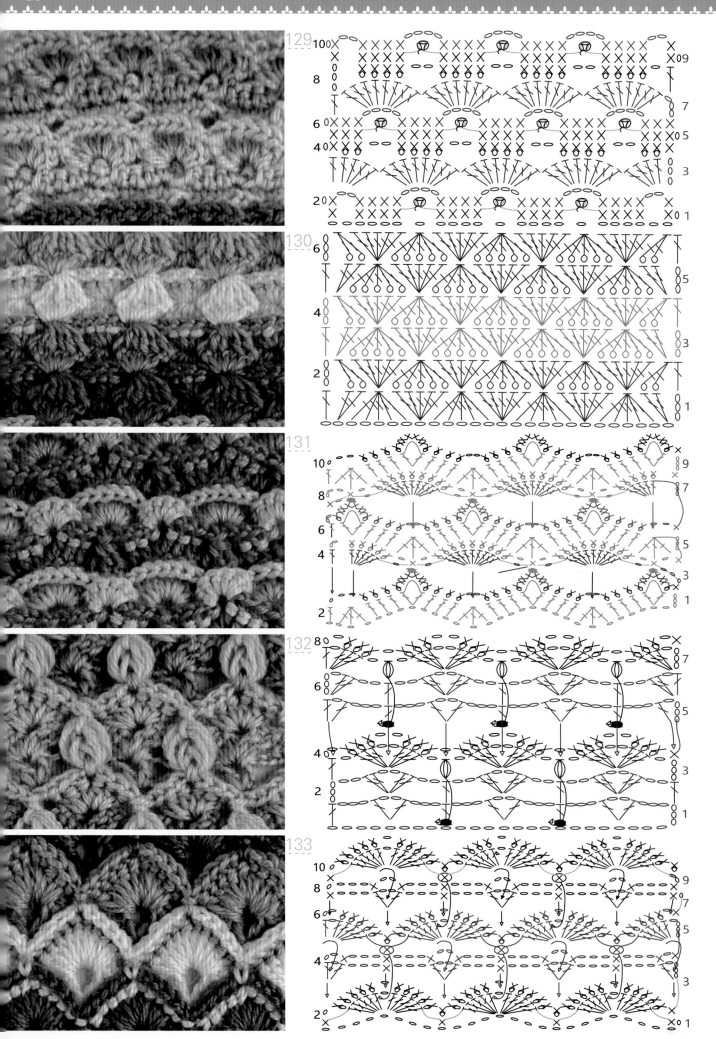

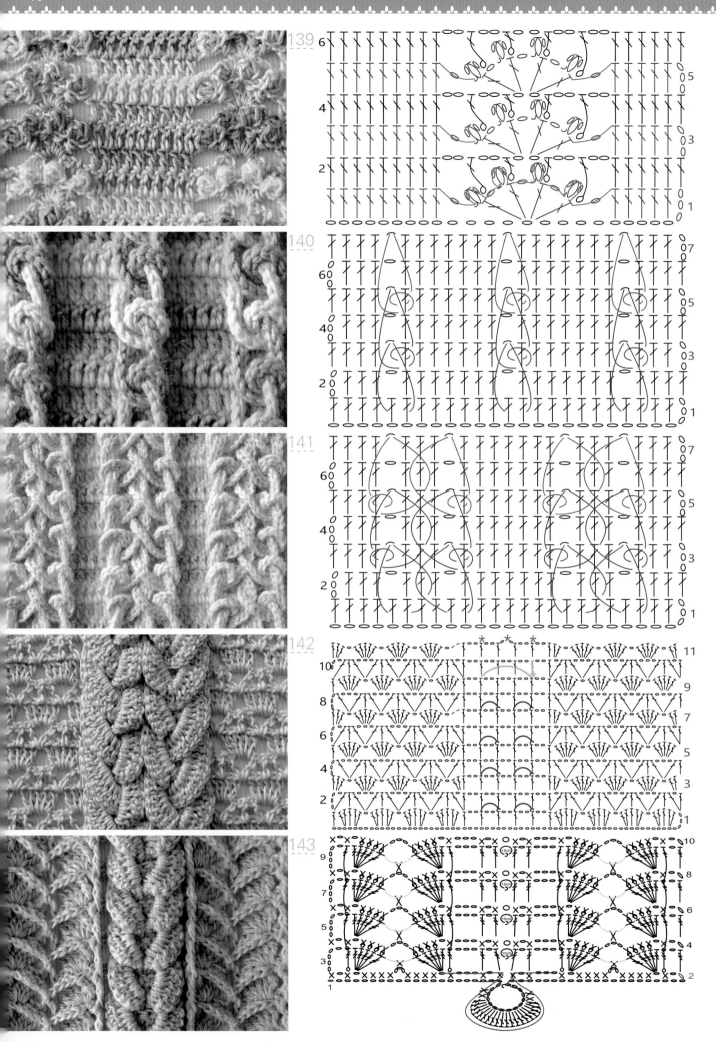

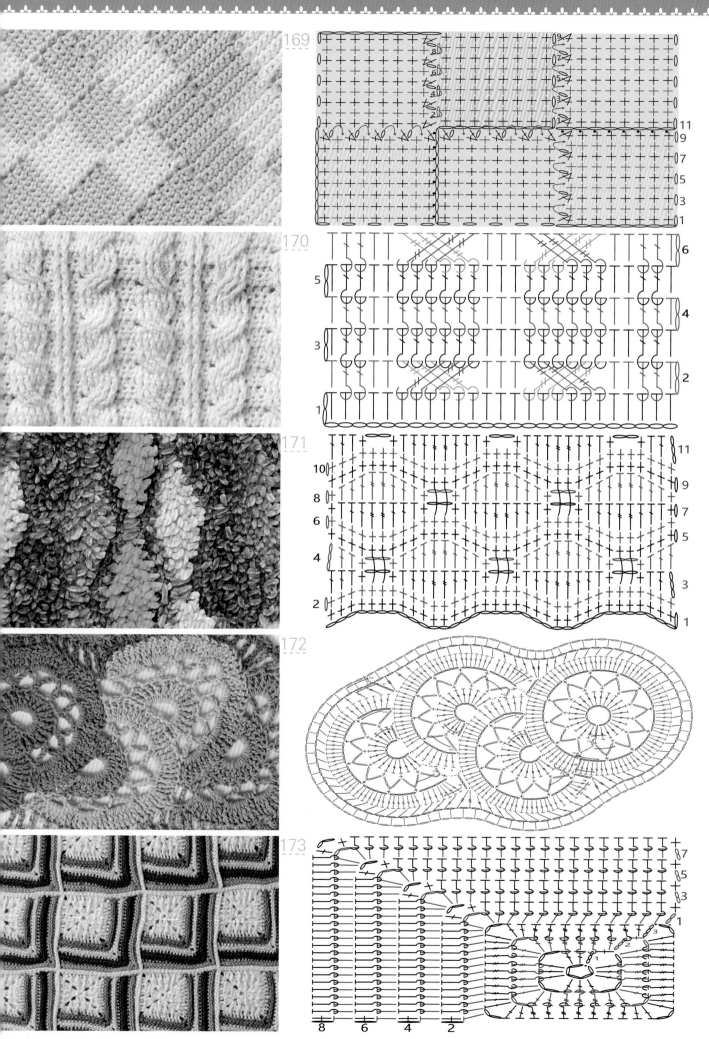

169

170

171

172

173

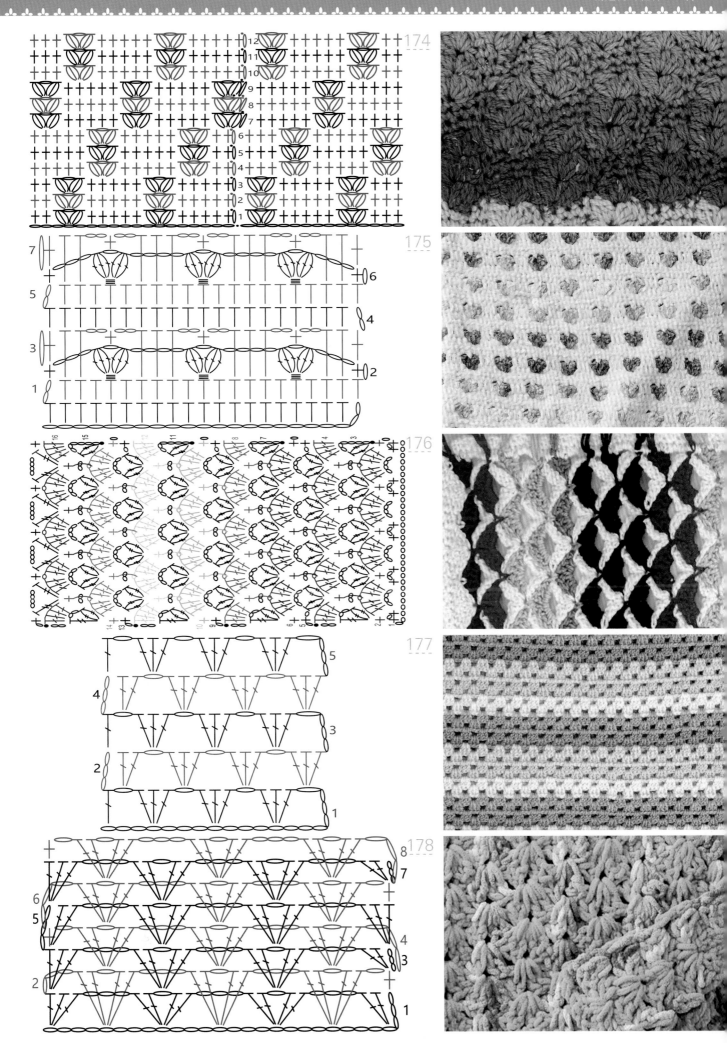

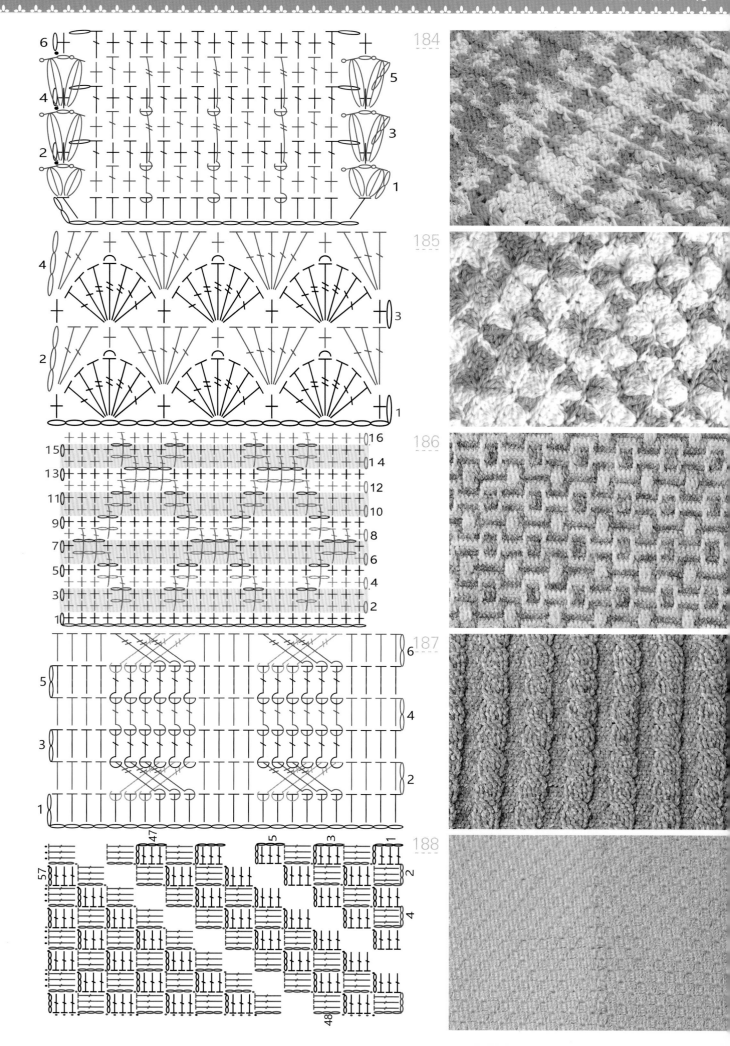

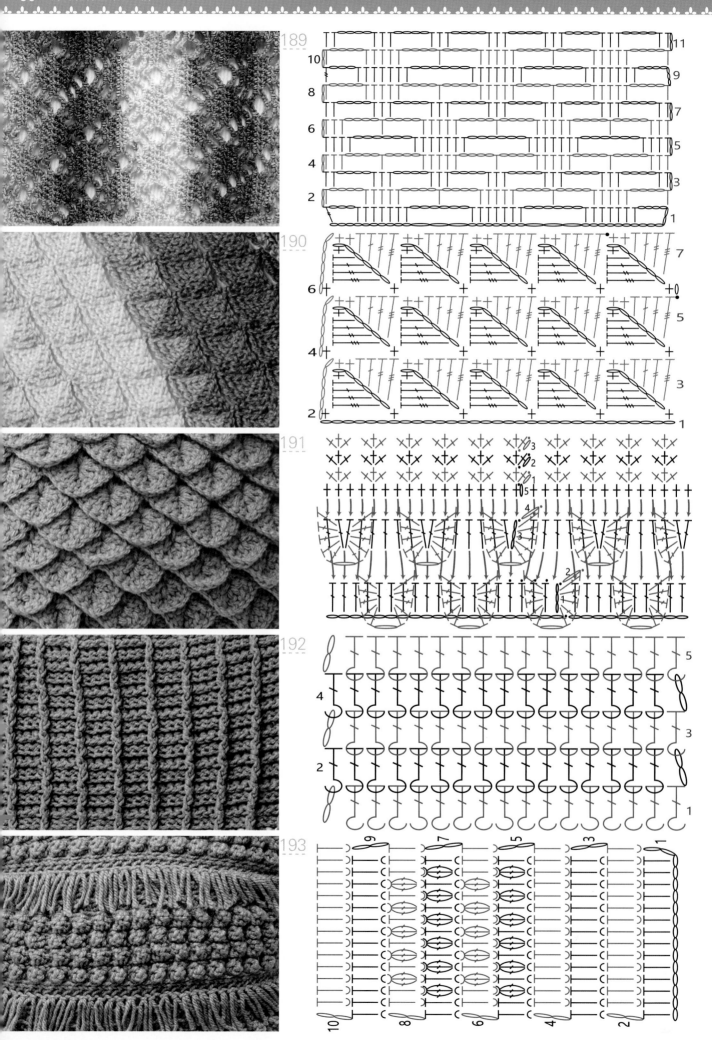

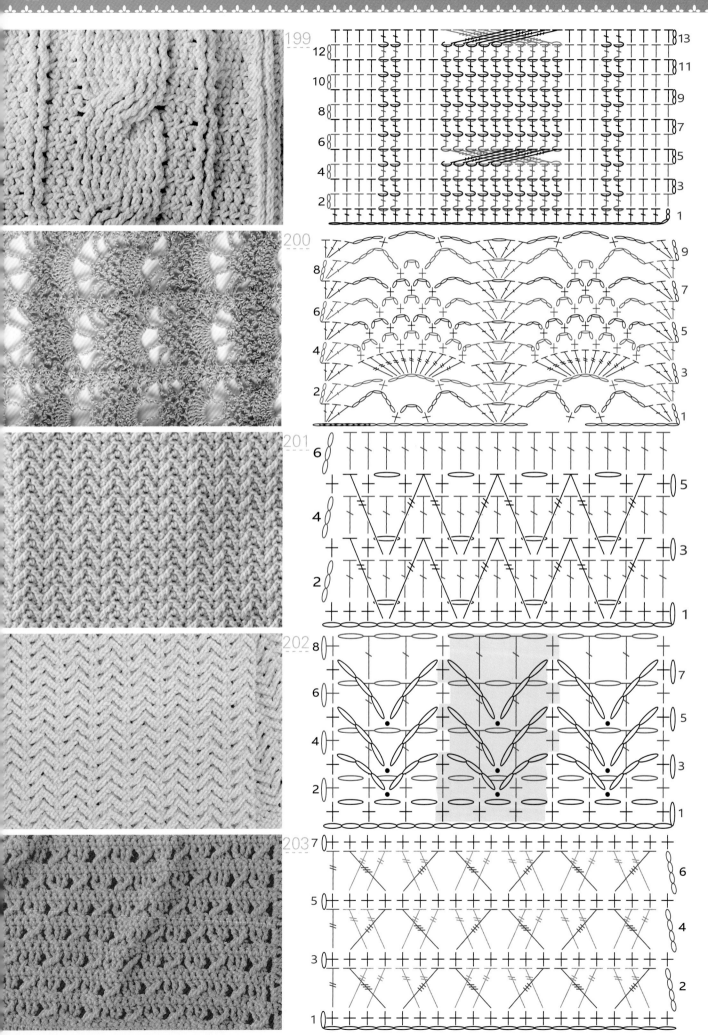

204

205

206

207

208

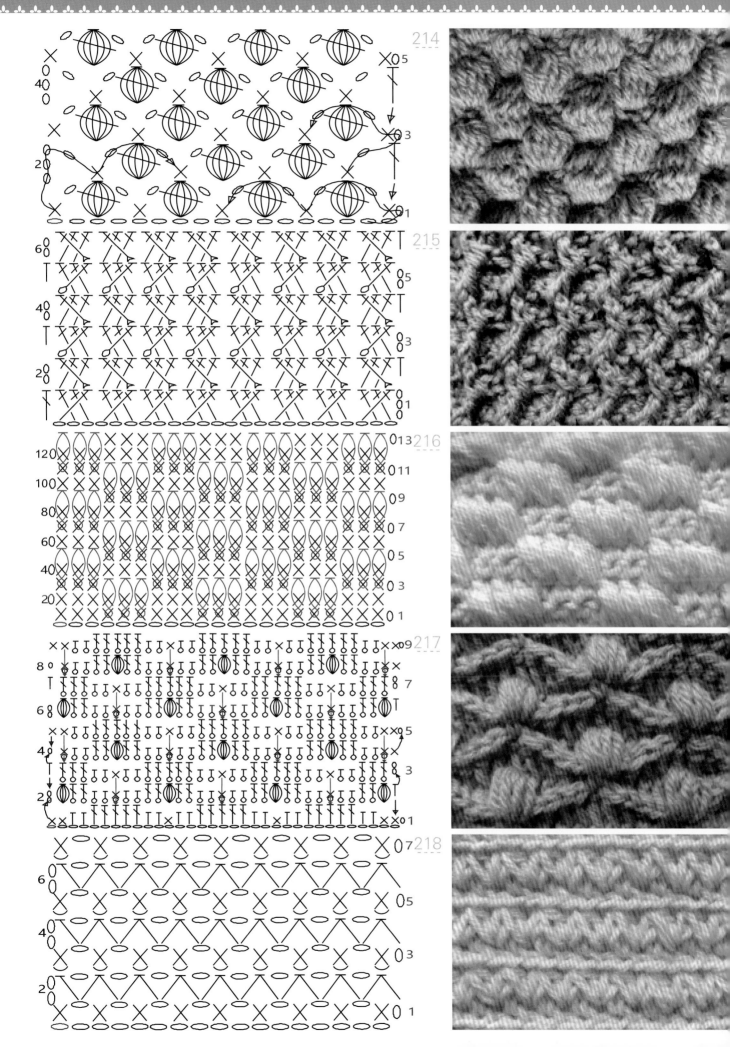

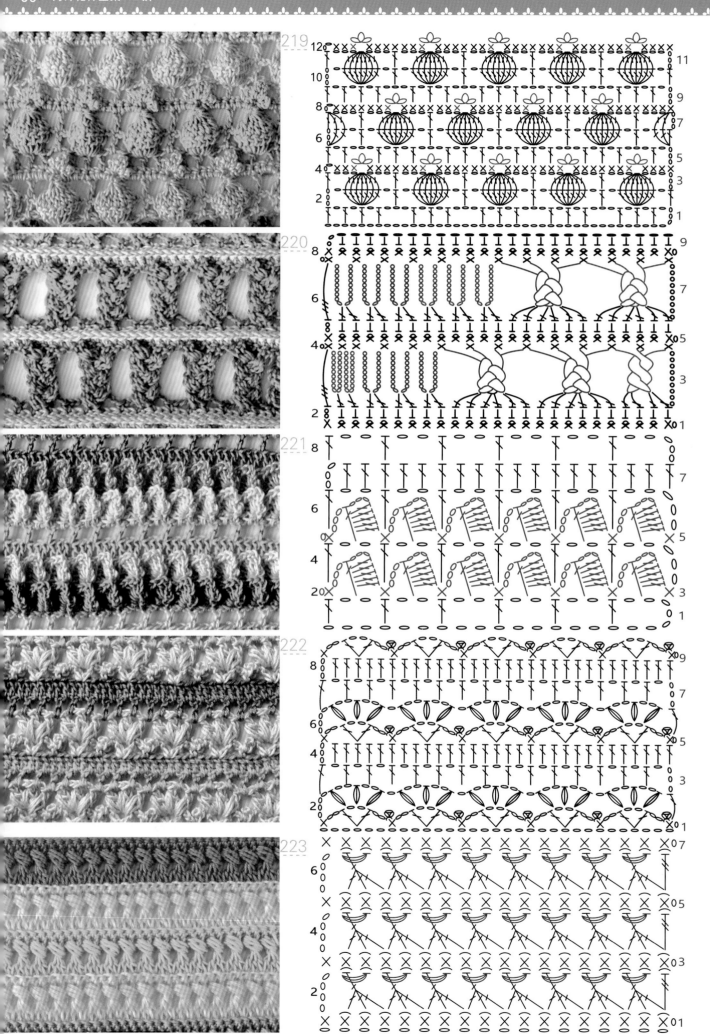

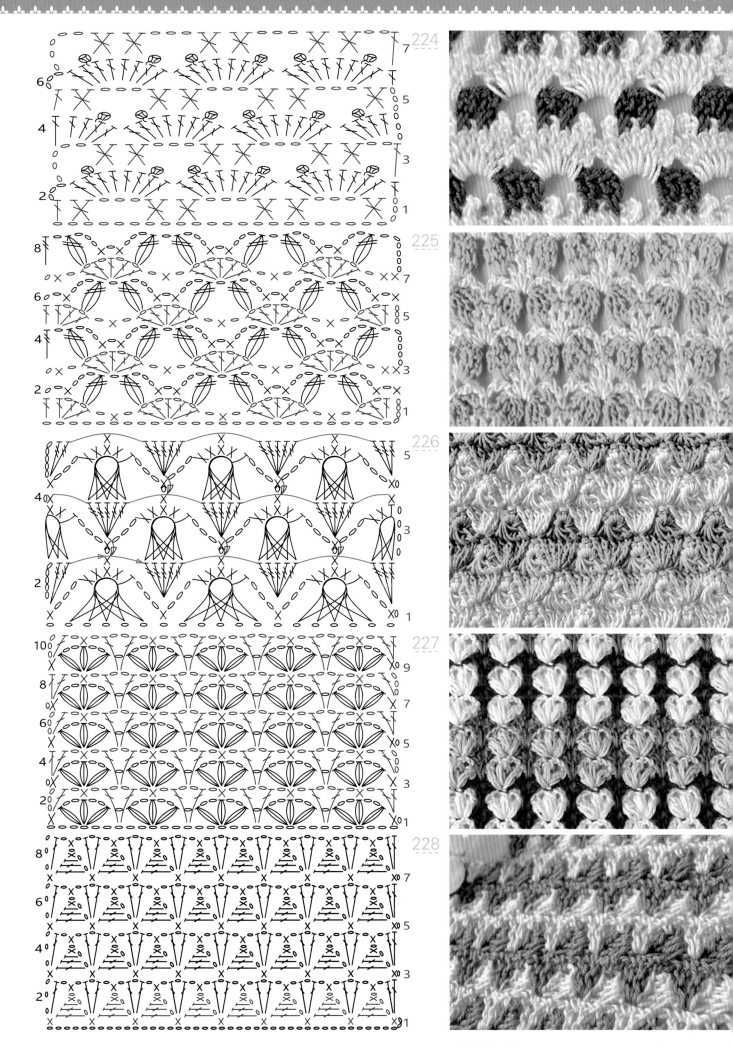

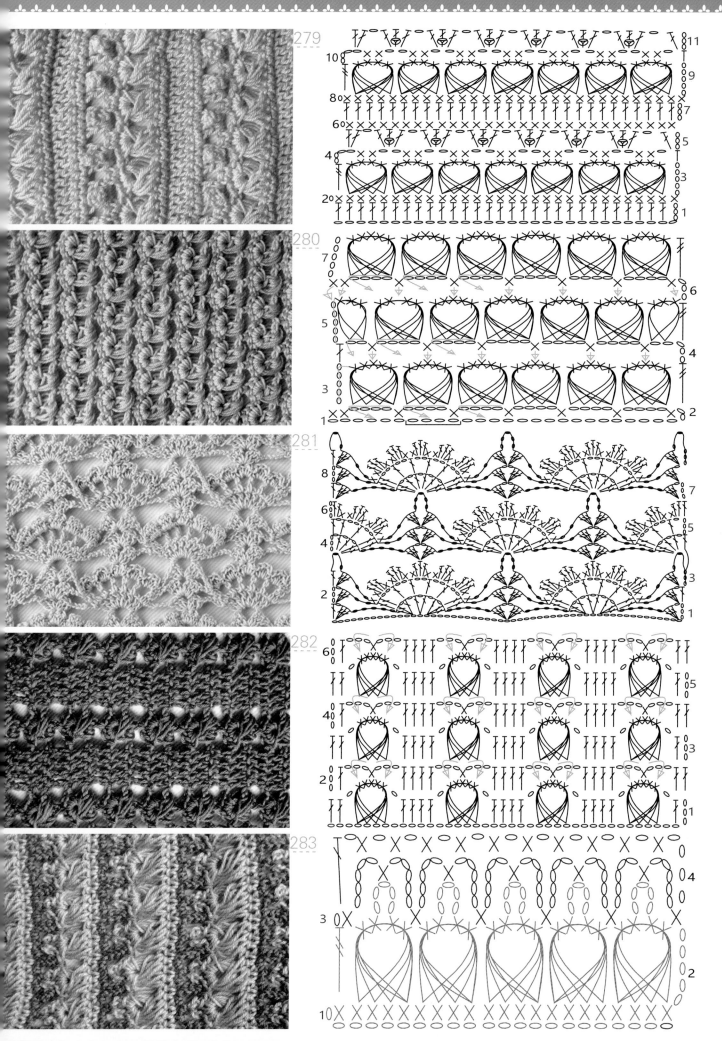

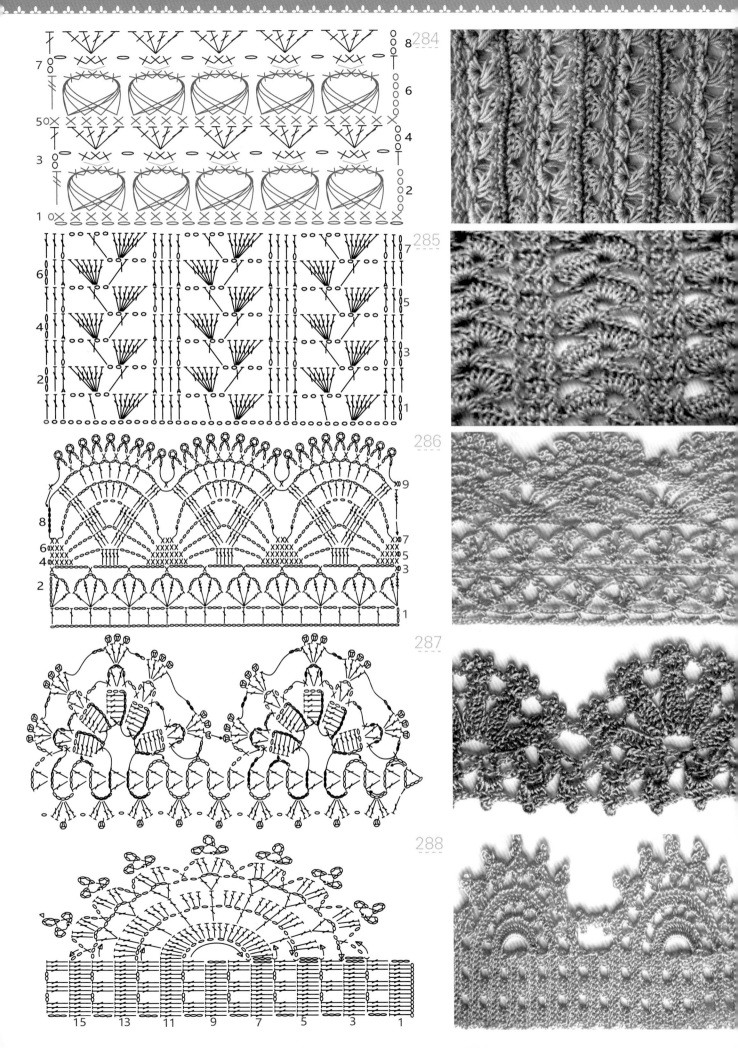

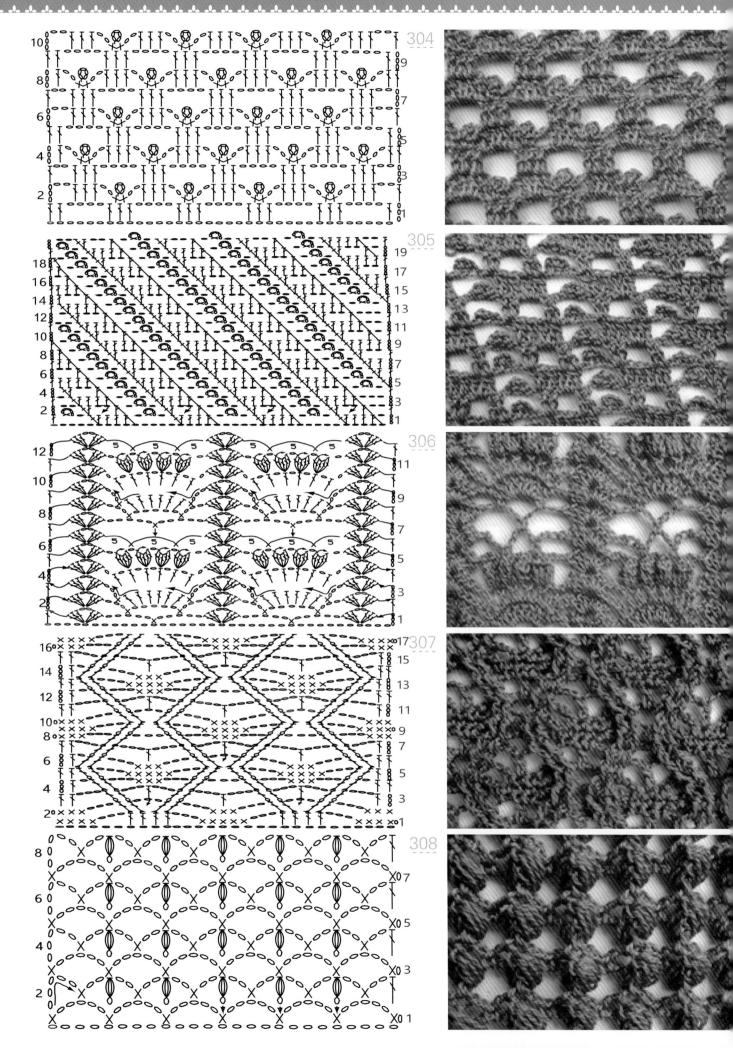

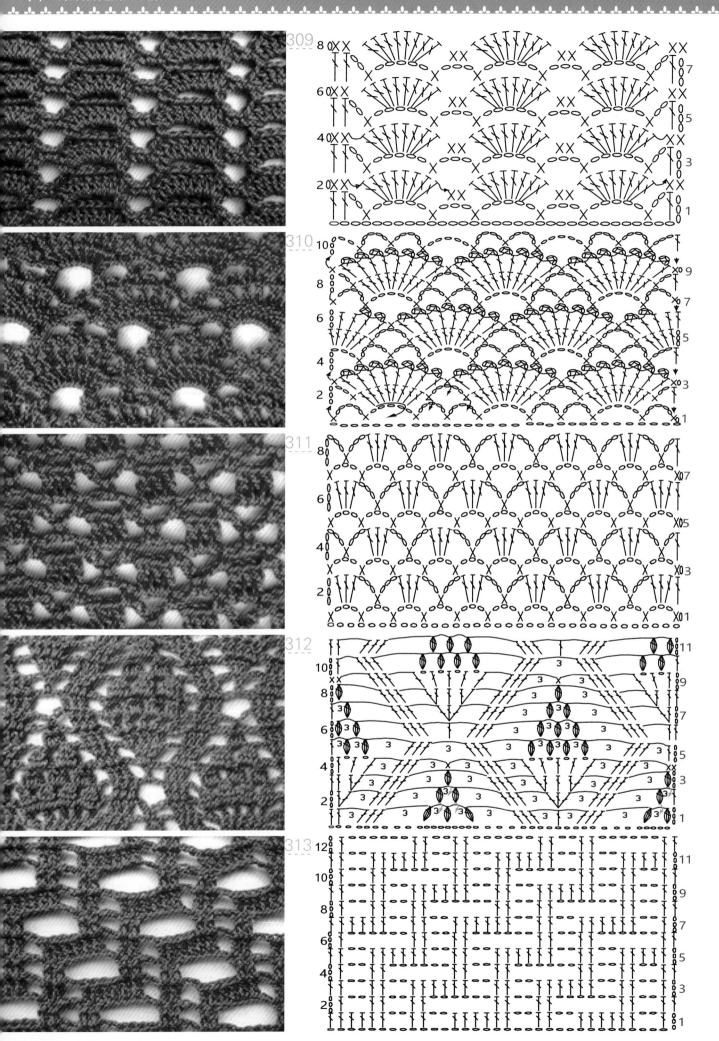

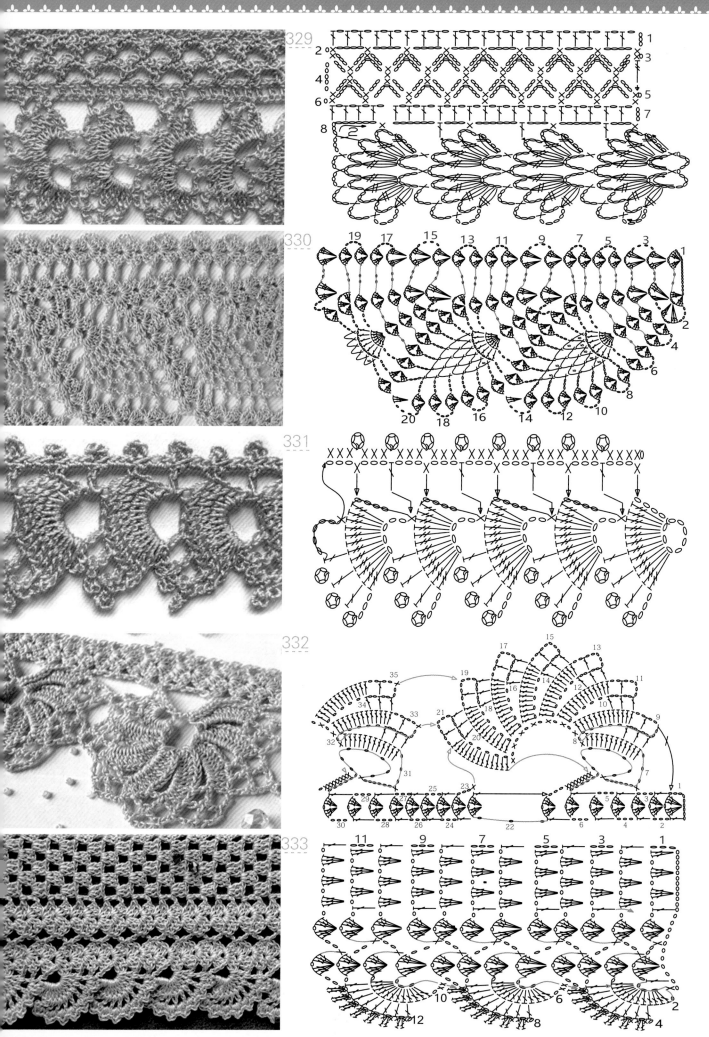

344

345

346

347

348

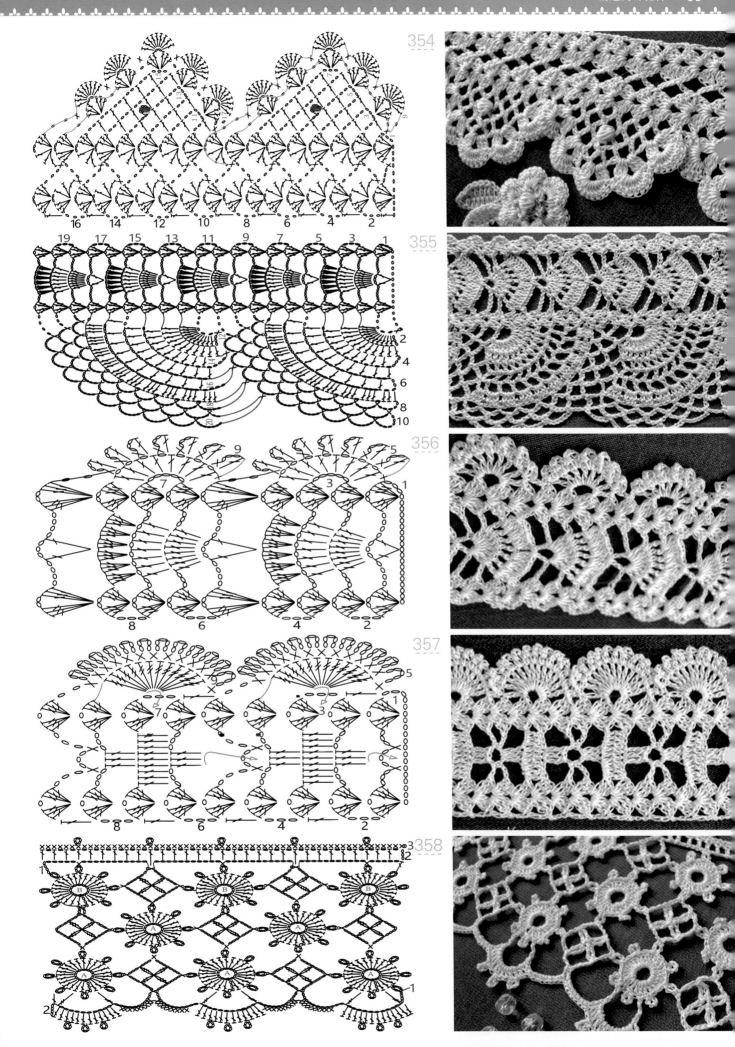

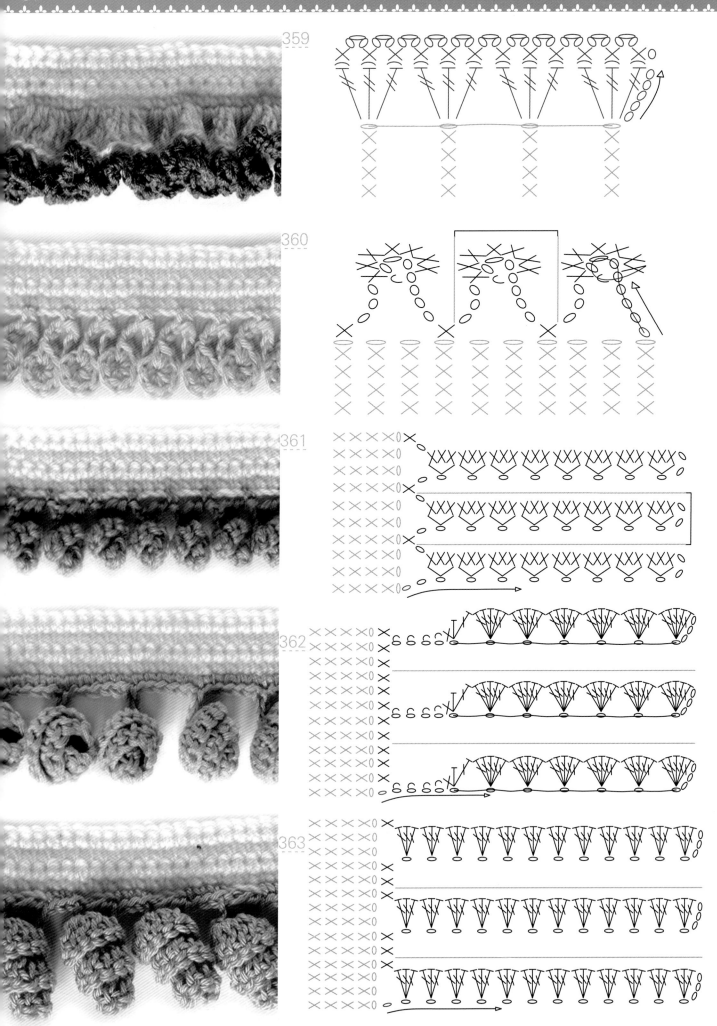

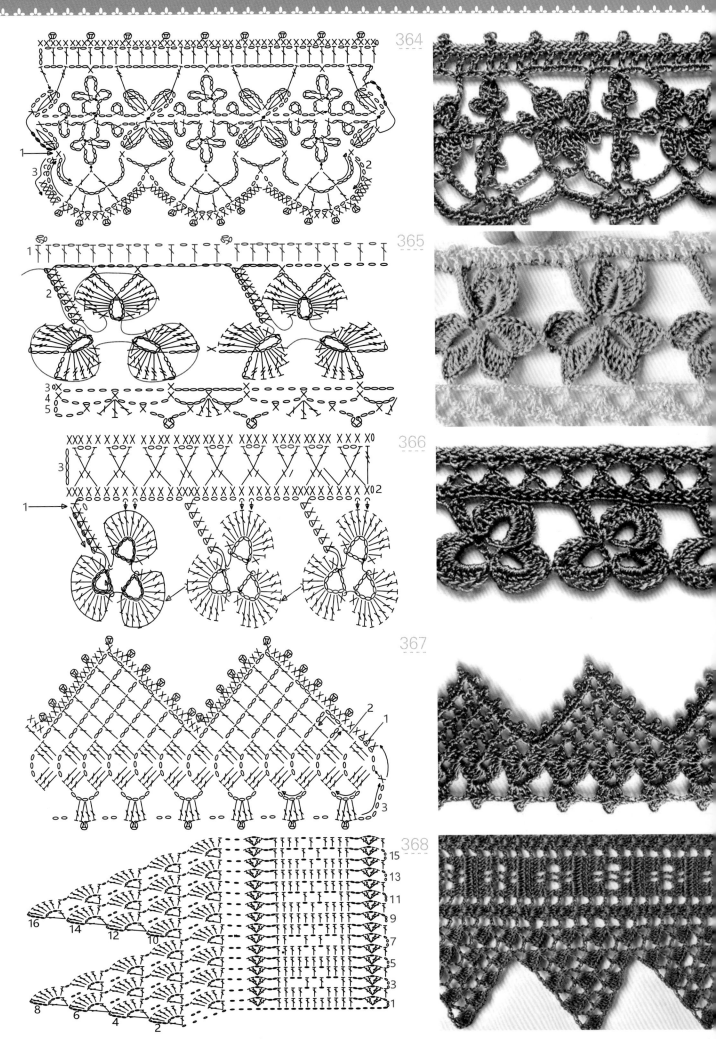

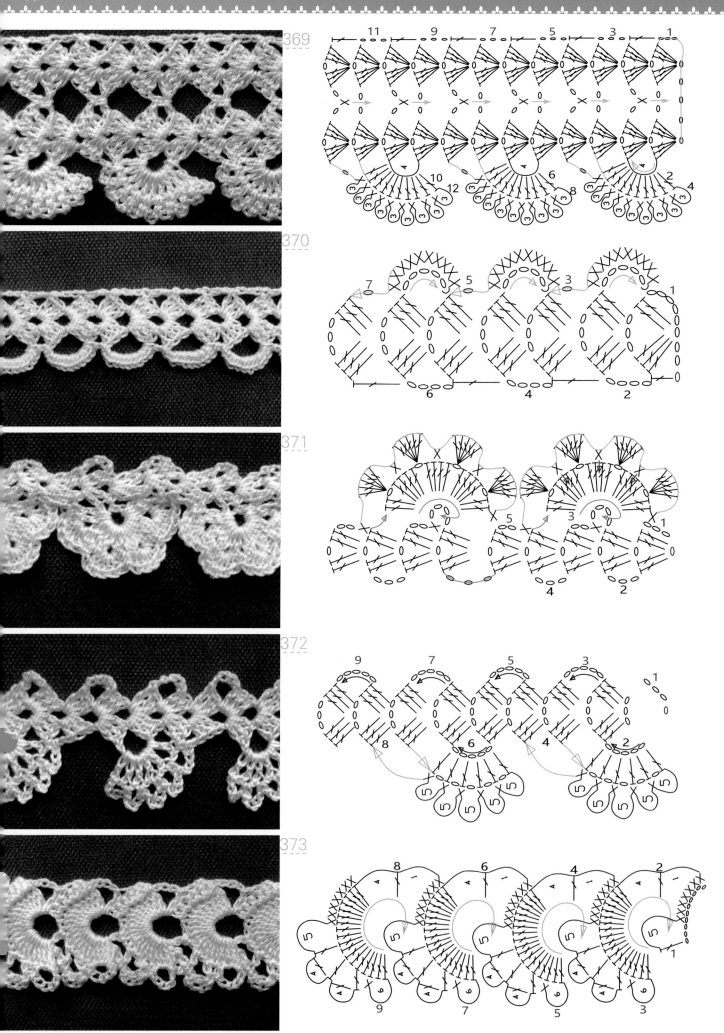

Chapter **3**

第三章 时尚立体钩花

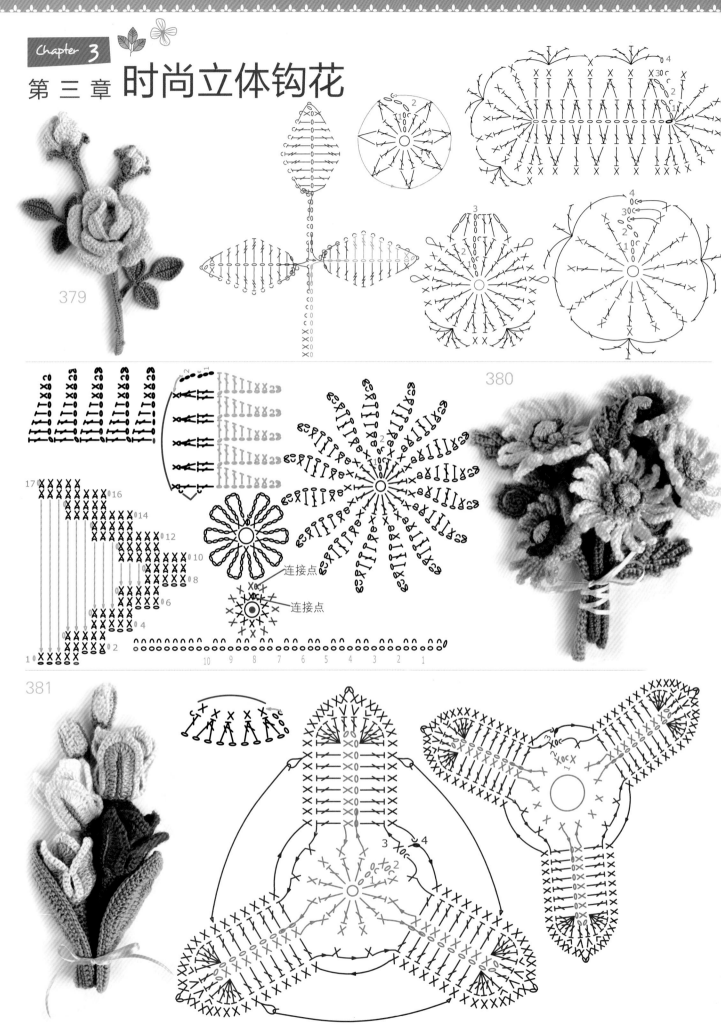

379

380

连接点

连接点

381

382

连接点
连接点
连接点

170
016
014
012
010
08
06
04
02
1 0

10 9 8 7 6 5 4 3 2 1

连接点

383

5
3

10 9 8 7 6 5 4 3 2 1

384

170
016
014
012
010
08
06
04
02
1 0

10 9 8 7 6 5 4 3 2 1

385

连接点

5

386

387

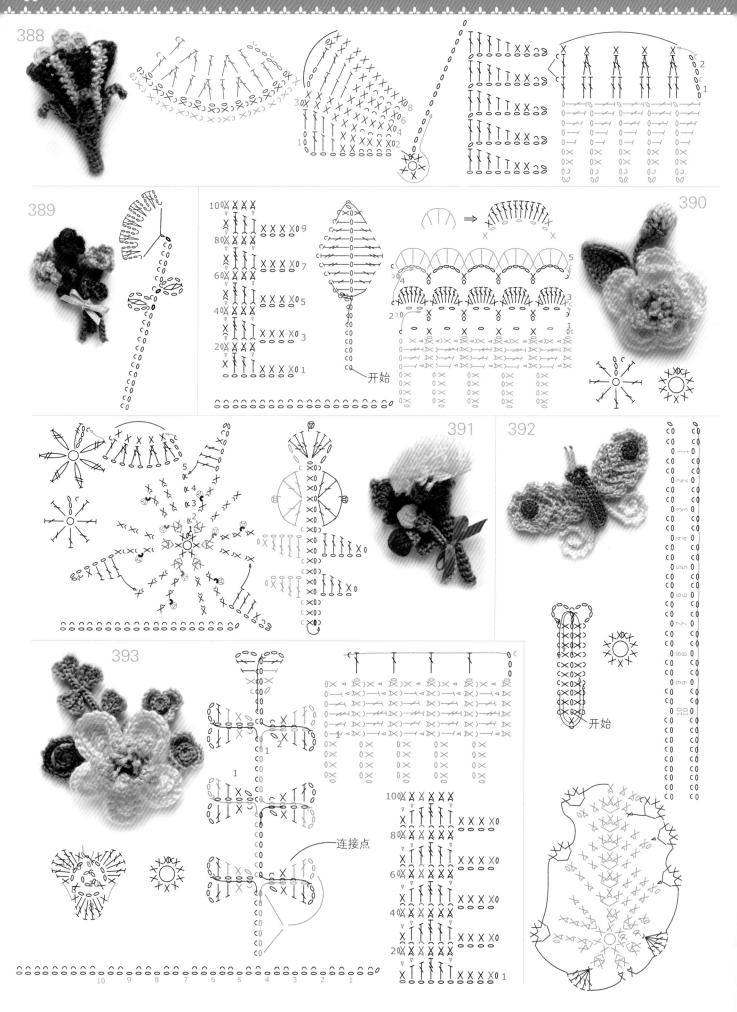

388

389

390

391

392

393

连接点

开始

开始

10 9 8 7 6 5 4 3 2 1

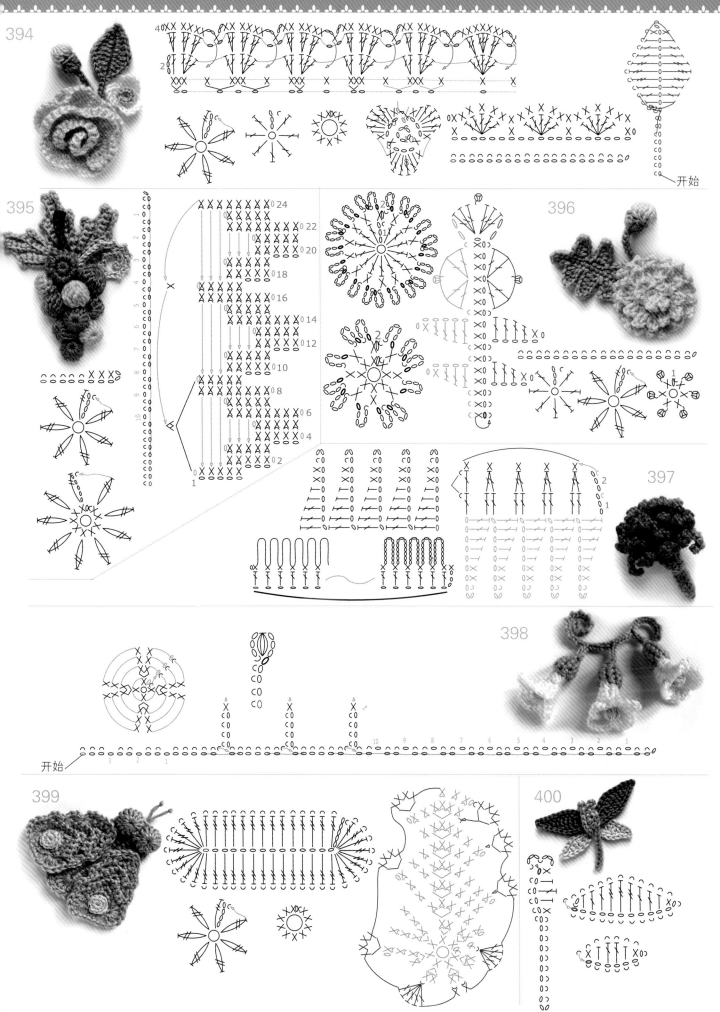

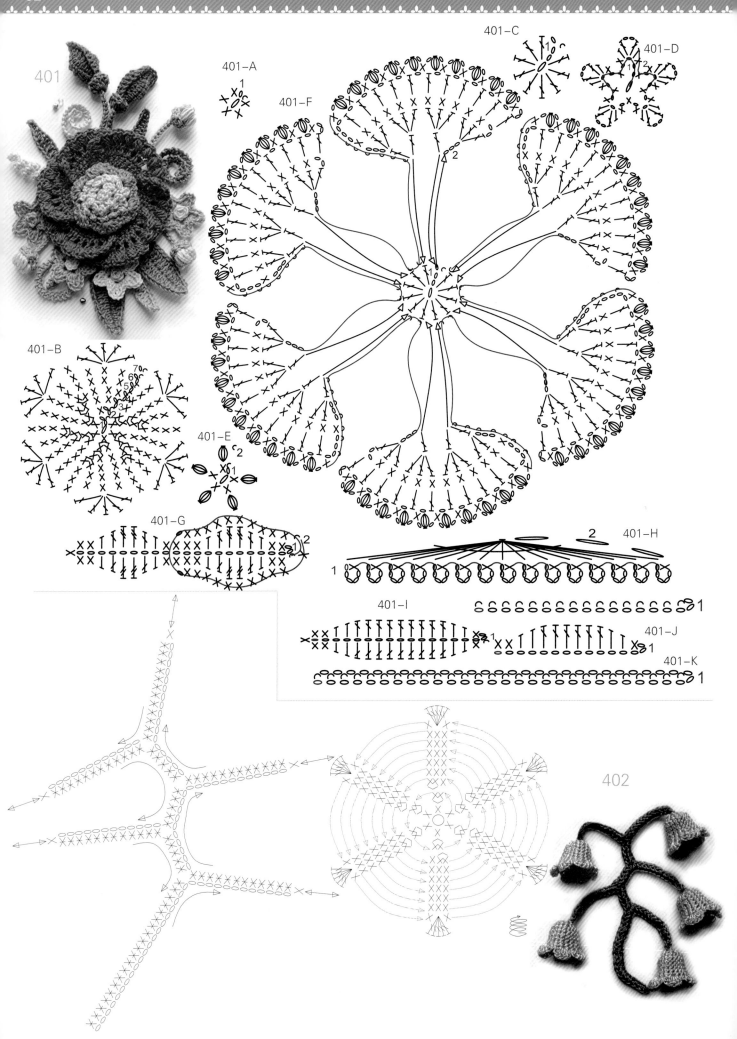

401

401-A

401-F

401-C

401-D

401-B

401-E

401-G

401-H

401-I

401-J

401-K

402

② 403-A

403-F

403-E

403-D

403-C

②
①

403-B

403-G

f

403

404

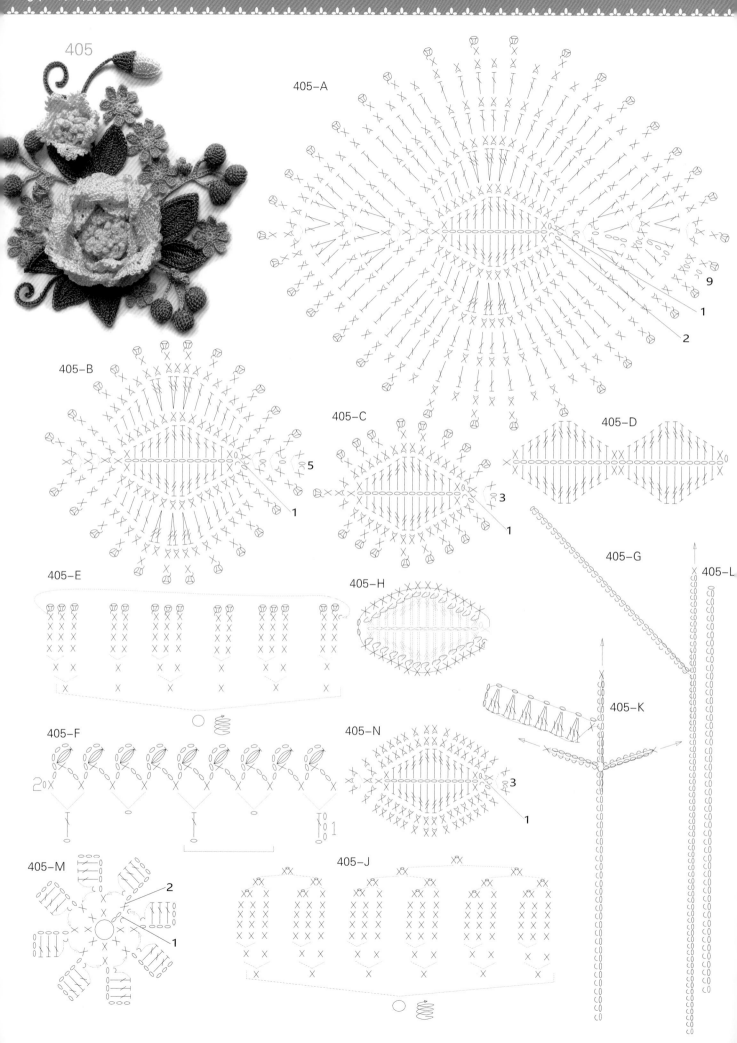

406-A

406-B

406-C

406-D

406-E

406-F

406-G

406-H

406-I

406-J

406-K

406

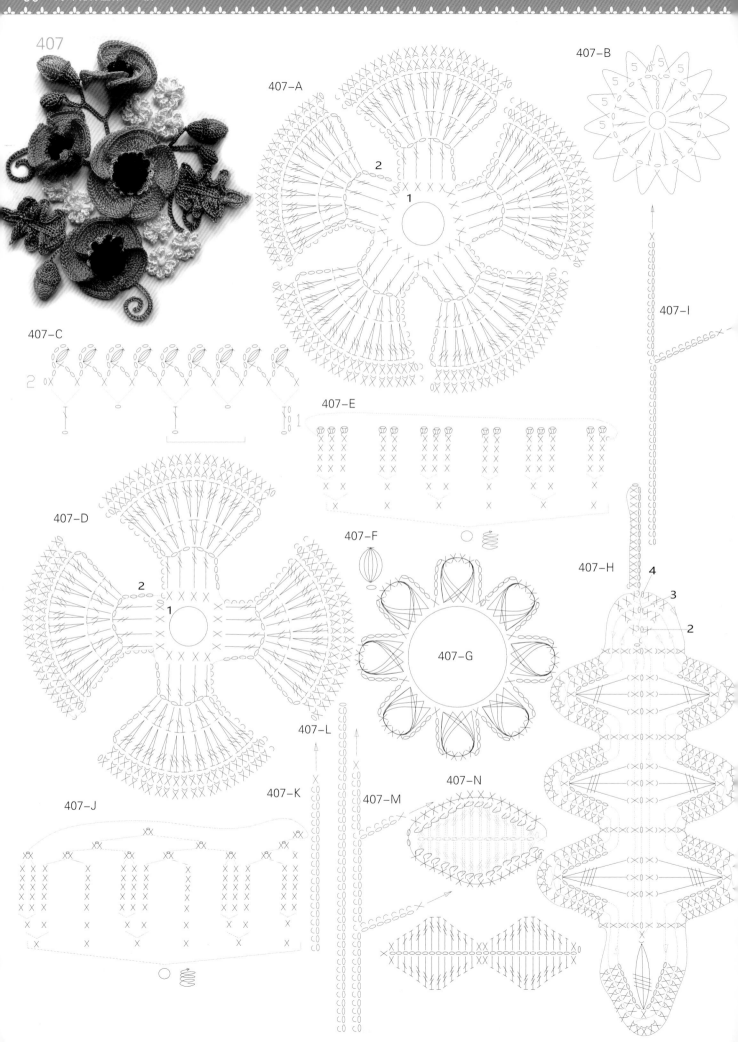

407

407-A

407-B

407-C

407-D

407-E

407-F

407-G

407-H

407-I

407-J

407-K

407-L

407-M

407-N

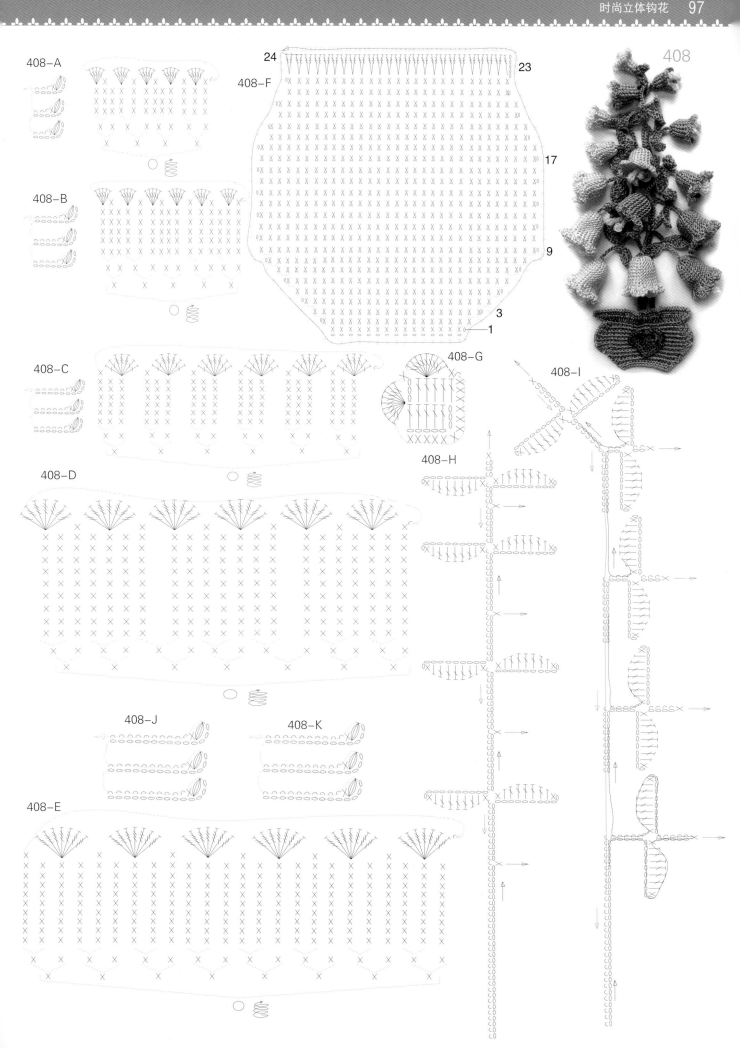

408-A

408-B

408-C

408-D

408-E

408-F

408-G

408-H

408-I

408-J

408-K

408

24
23
17
9
3
1

409~414

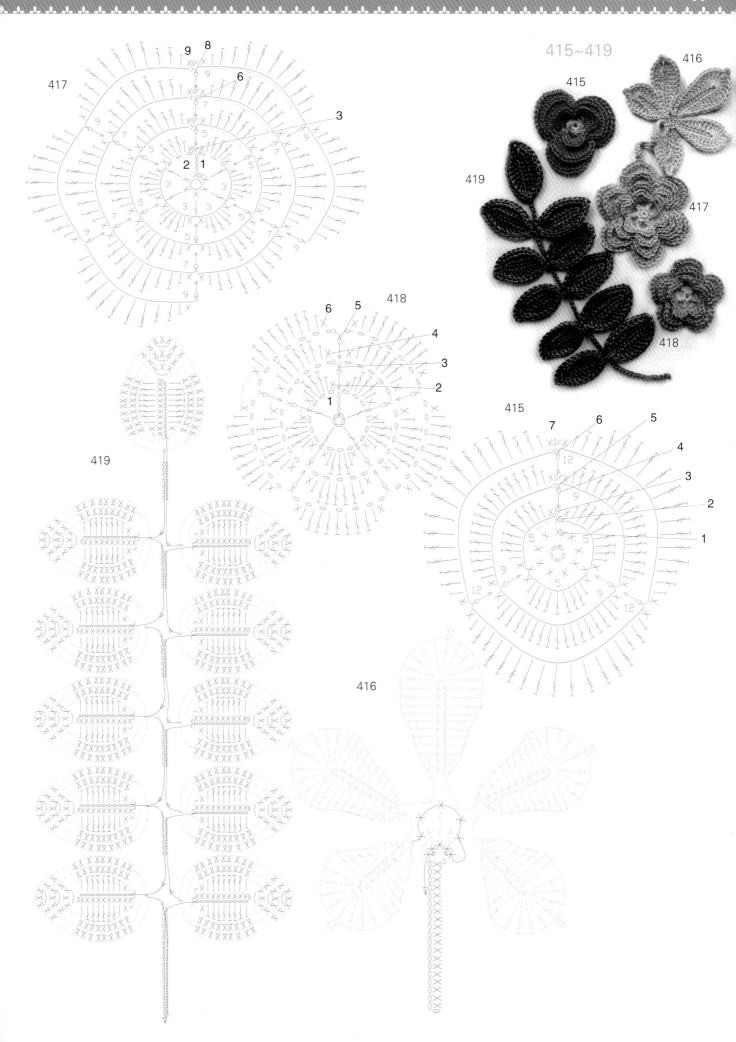

420~424

420

421

422

424

423

421

422

423

424

420

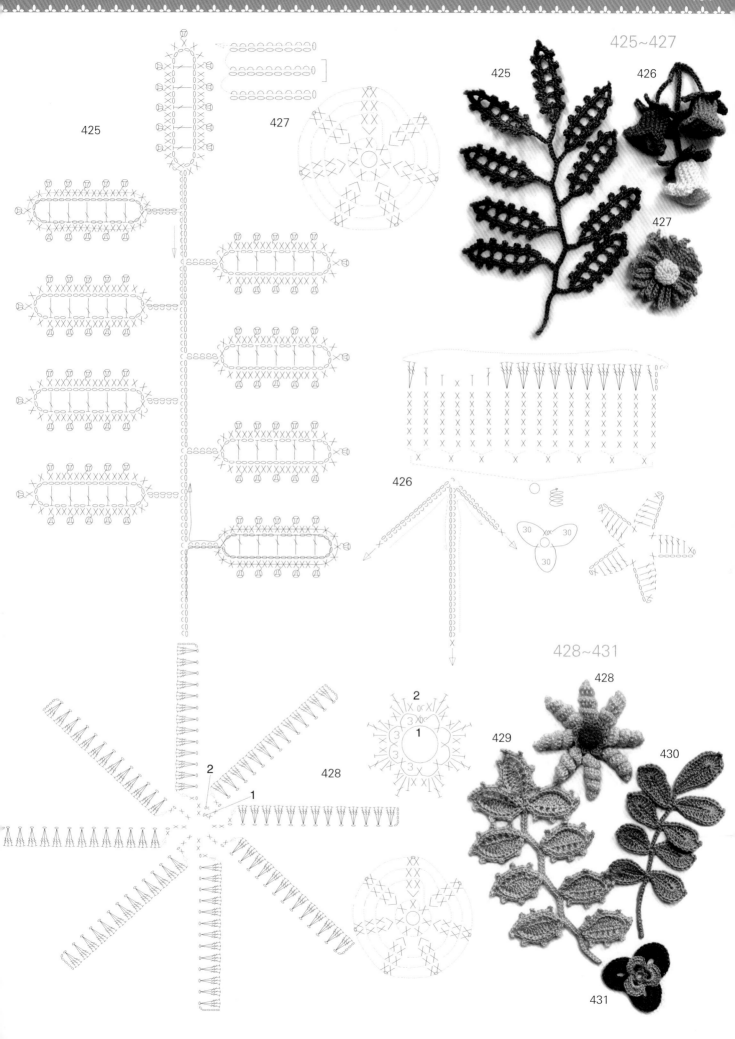

425

427

425

426

427

428

428~431

428

429

430

431

2

1

2

1

30 30
30

30

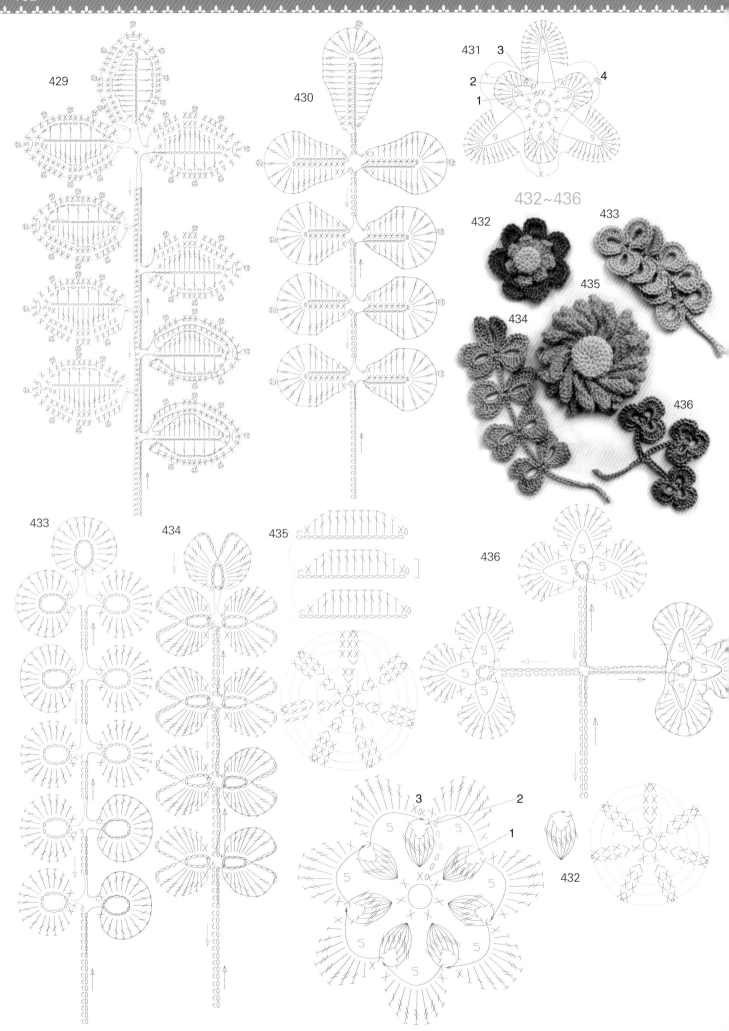

429

430

431

432~436

432

433

434

435

436

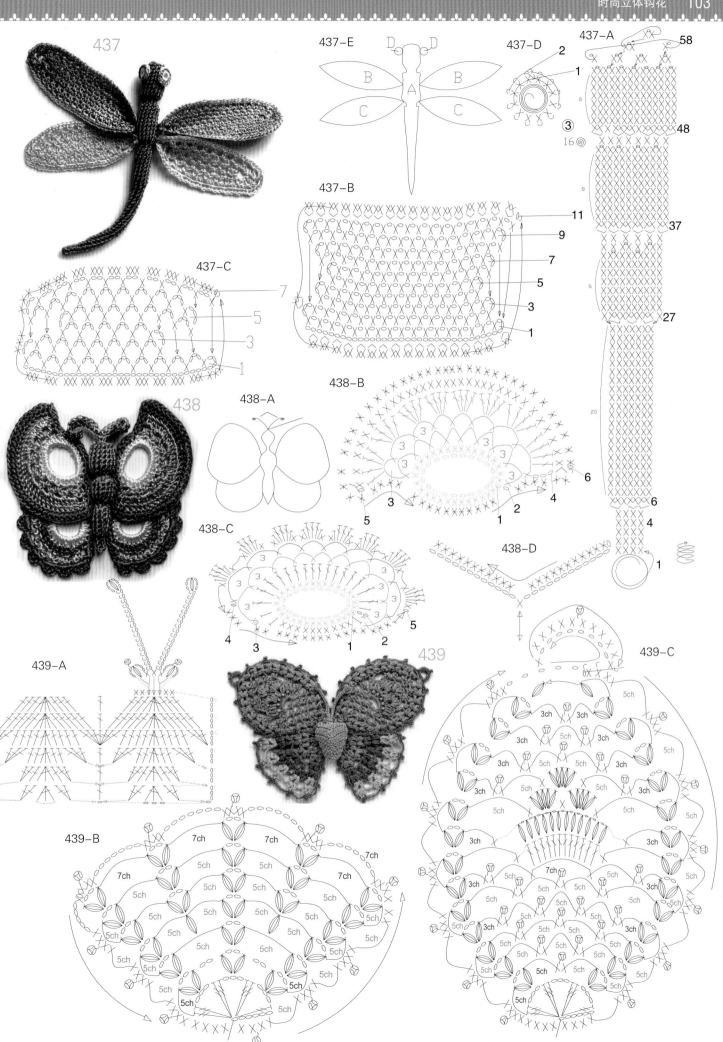

437

437-E

437-D

437-A
58

437-B

437-C

438

438-A

438-B

438-C

438-D

439

439-A

439-C

439-B

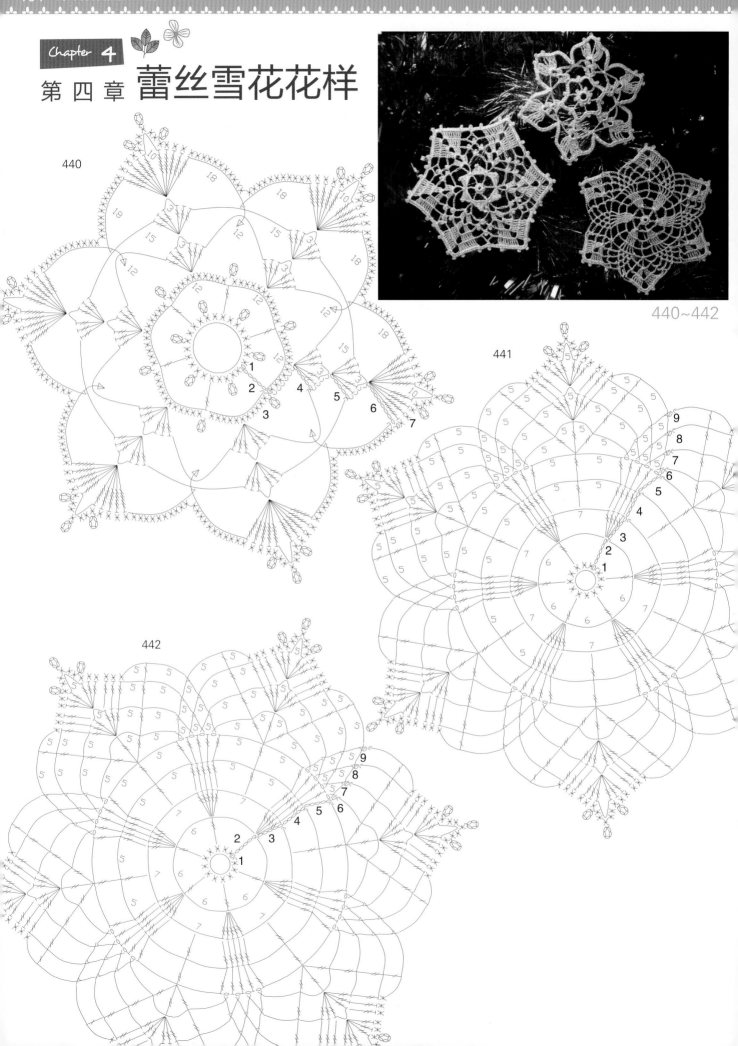

Chapter 4
第 四 章 蕾丝雪花花样

440

441

442

440~442

443~446

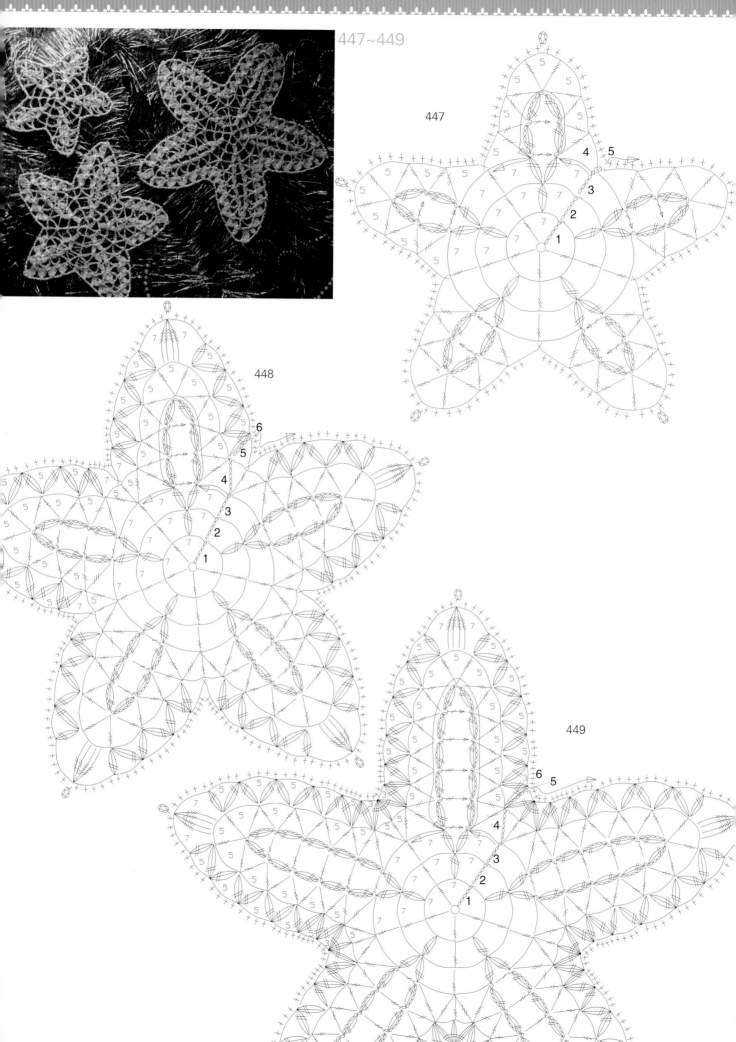

447~449

447

448

449

450~454

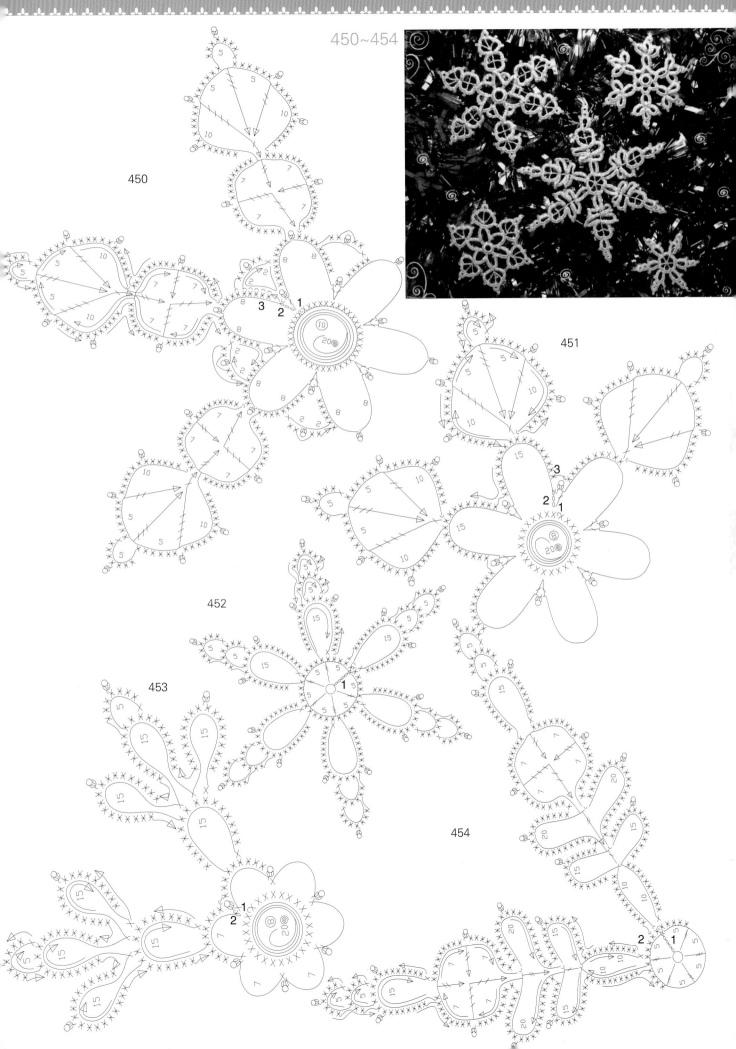

450

451

452

453

454

Chapter 5
第五章 靓丽钩针花样

难度 ★★★★

作品455 工具：4.0mm钩针
尺寸：胸围116cm，衣
长70cm，袖长36cm

分片钩织，前片1片，后片1片，袖片2
片。缝合完成。

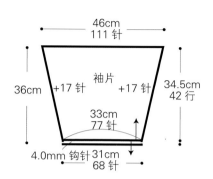

46cm
111 针

36cm +17针 袖片 +17针 34.5cm
42 行

33cm
77 针

4.0mm 钩针 31cm
68 针

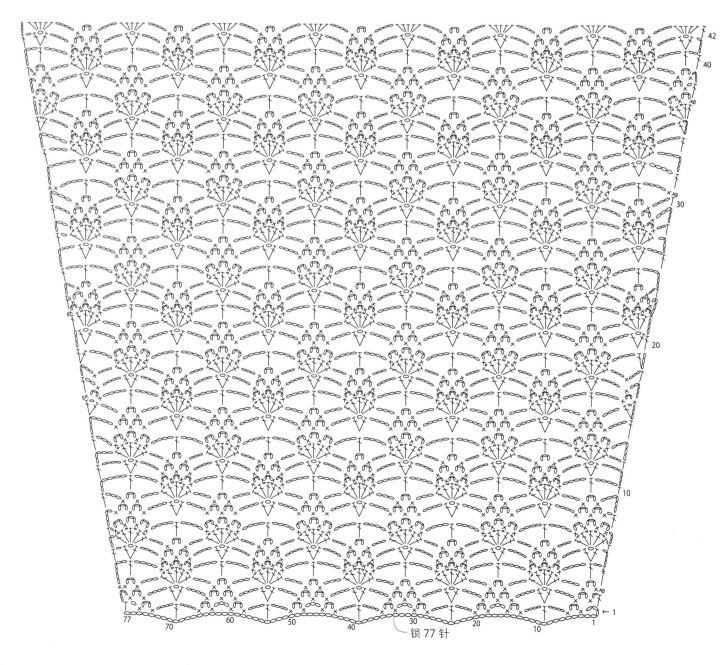

锁 77 针

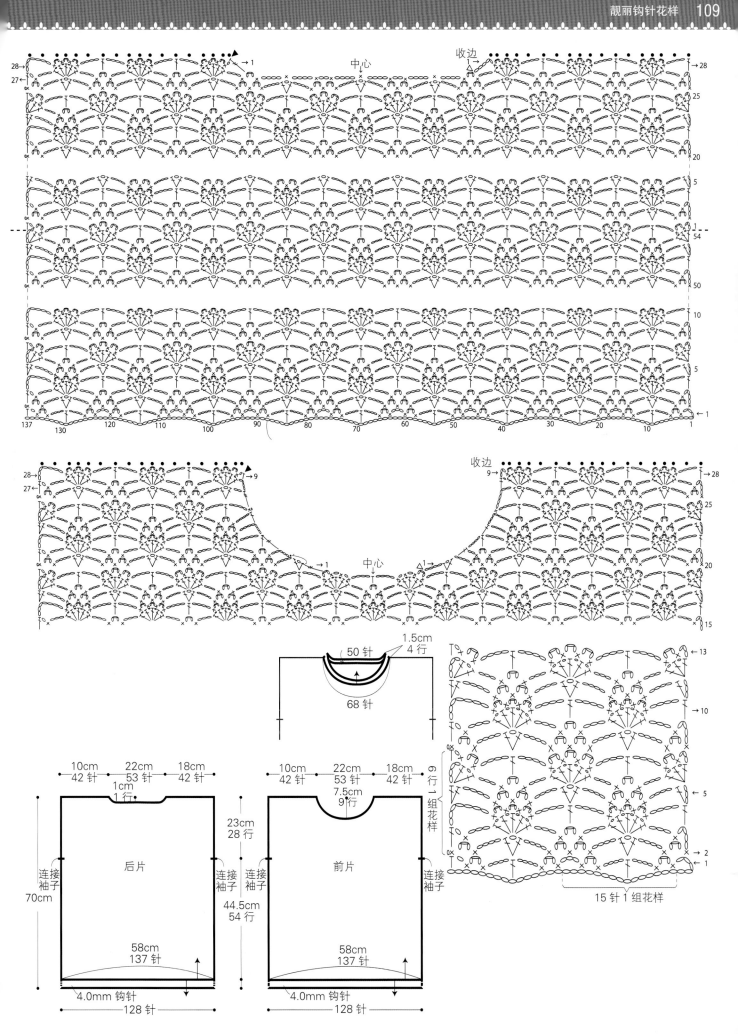

难度 ★★★

作品456

工具：5.0mm钩针，6.0mm棒针

尺寸：胸围88cm，衣长60cm，袖宽30cm

分片钩织，前片1片，后片1片，袖片2片。缝合完成。

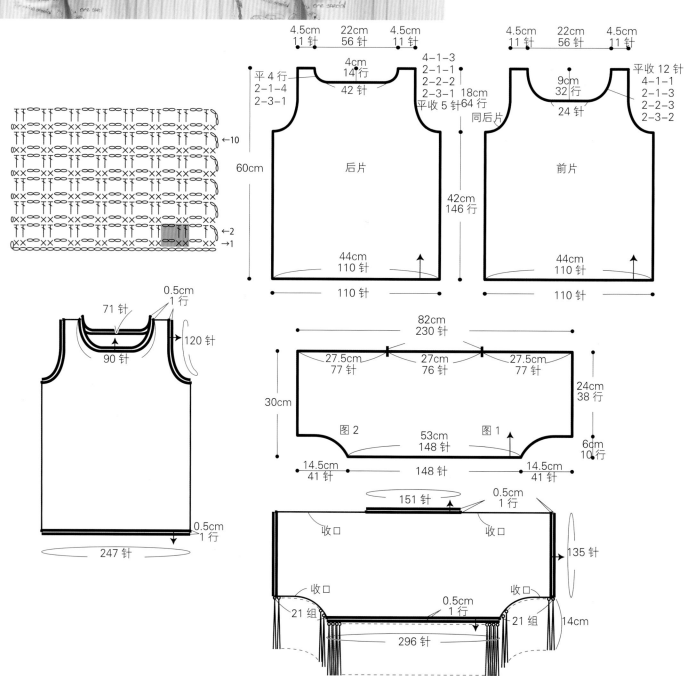

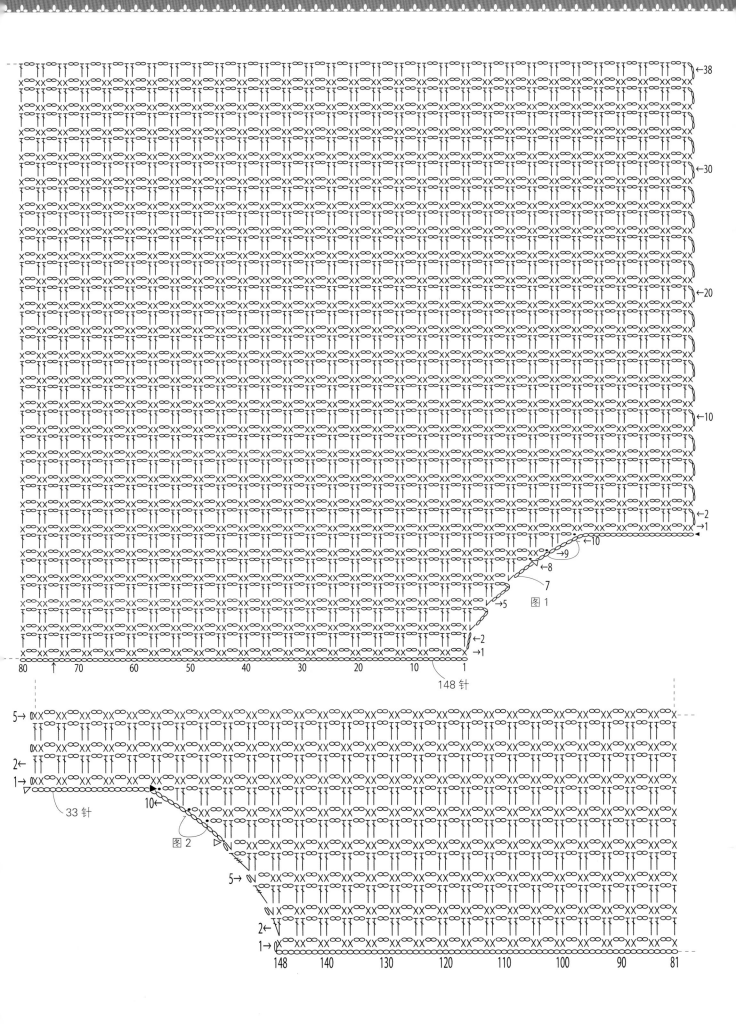

图 1

148 针

图 2

33 针

难度 ★★★★★

作品457　工具：4.0mm钩针

尺寸：胸围118cm，裙长83cm

分片钩织，前片1片，后片1片，领片1片。缝合完成。

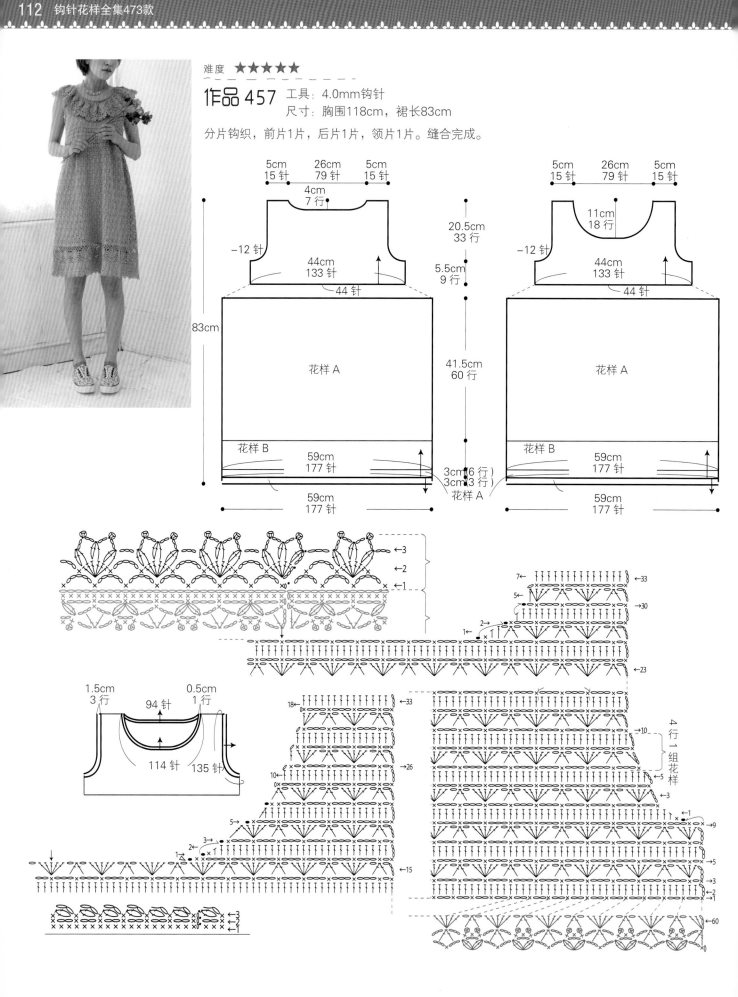

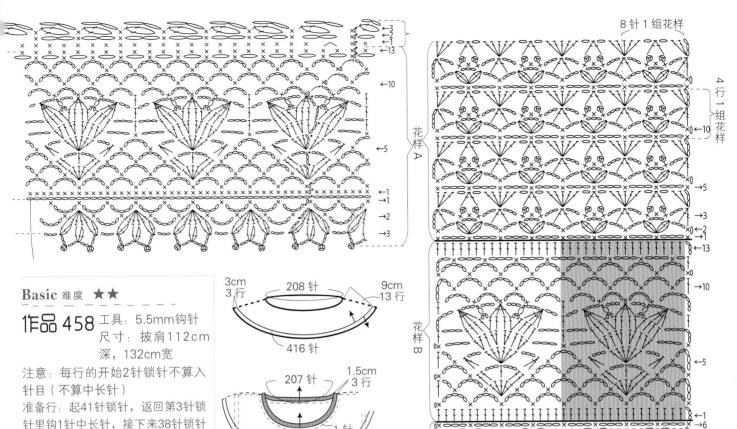

Basic 难度 ★★

作品 458 工具：5.5mm钩针
尺寸：披肩112cm
深，132cm宽

注意：每行的开始2针锁针不算入针目（不算中长针）

准备行：起41针锁针，返回第3针锁针里钩1针中长针，接下来38针锁针里各钩1针中长针。掉头。共39针中长针。中间的第20针中长针用记号扣标记。

第1行：（正面）5针锁针（算成1针3卷长针），第1针中长针里钩6针3卷长针，[（接下来1针里钩1针3卷长针，跳过下一针不钩）]×8次，下一针里钩1针3卷长针]，下一针中长针里钩5针3卷长针，下一针中长针里钩1针3卷长针、2针锁针、1针3卷长针（中间2针锁针孔眼用记号扣标记），[]里的动作再重复一次，最后一针中长针里钩7针3卷长针。掉头。

第2、4、6、8、10行：2针锁针，第1针里钩3针中长针，接下来一直到2针锁针孔眼前一针，每针里钩1针外钩中长针，2针锁针孔眼里钩2针中长针，2针锁针、2针中长针，接下来一直到倒数第2针每针里钩1针外钩中长针，最后一针里钩3针中长针。

第3行：5针锁针（算成1针3卷长针），第1针里钩2针3卷长针，[接下来3针里各钩1针3卷长针，接下来1针里钩5针3卷长针，（接下来1针里钩1针3卷长针，跳过下一针不钩）×8次，下一针里钩1针3卷长针]，下一针中长针里钩5针3卷长针，接下来3针里各钩1针3卷长针]，接下来2针锁针孔眼里钩2针3卷长针、2针锁针、2针3卷长针（中间2针锁针孔眼用记号扣标记），[]里的动作再重复一次，最后一针中长针里钩3针3卷长针。掉头。

第5行：5针锁针（算成1针3卷长针），第1针里钩2针3卷长针，[接下来7针里各钩1针3卷长针，接下来1针里钩5针3卷长针，（接下来1针里钩1针3卷长针，跳过下一针不钩）×8次，下一针里钩1针3卷长针]，下一针中长针里钩5针3卷长针，接下来7针里各钩1针3卷长针]，接下来2针锁针孔眼里钩2针3卷长针、2针锁针、2针3卷长针（中间2针锁针孔眼用记号扣标记），[]里的动作再重复一次，最后一针中长针里钩3针3卷长针。掉头。

第7行：5针锁针（算成1针3卷长针），第1针里钩2针3卷长针，[下一针里钩1针3卷长针，（下一针里钩1针3卷长针，跳过下一针不钩）×4次，下一针里钩1针3卷长针，（下一针里钩5针3卷长针）×2次，（下一针里钩1针3卷长针，跳过下一针不钩）×8次，下一针里钩1针3卷长针，（下一针里钩5针3卷长针）×2次，（下一针里钩1针3卷长针，跳过下一针不钩）×4次，接下来2针里各钩1针3卷长针]，接下来2针锁针孔眼里钩2针3卷长针、2针锁针、2针3卷长针（中间2针锁针孔眼用记号扣标记），[]里

的动作再重复一次，最后一针中长针里钩3针3卷长针。掉头。

第9行：5针锁针（算成1针3卷长针），第1针里钩2针3卷长针，[接下来5针里各钩1针3卷长针，（下一针里钩1针3卷长针，跳过下一针不钩）×4次，下一针里钩1针3卷长针，（下一针里钩5针3卷长针）×2次，（下一针里钩1针3卷长针，跳过下一针不钩）×8次，下一针里钩1针3卷长针，（下一针里钩5针3卷长针）×2次，（下一针里钩1针3卷长针，跳过下一针不钩）×4次，接下来6针里各钩1针3卷长针]，接下来2针锁针孔眼里钩2针3卷长

针、2针锁针、2针3卷长针（中间2针锁针孔眼用记号扣标记），[]里的动作再重复一次，最后一针中长针里钩3针3卷长针。掉头。

第11行：5针锁针（算成1针3卷长针），第1针里钩2针3卷长针，[接下来9针各钩1针3卷长针，（下一针里钩1针3卷长针，跳过下一针不钩）×4次，下一针里钩1针3卷长针，（下一针里钩5针3卷长针）×2次，（下一针里钩1针3卷长针，跳过下一针不钩）×8次，下一针里钩1针3卷长针，（下一针里钩5针3卷长针）×2次，（下一针里钩1针3卷长针，跳过下一针不钩）×4次，接下来10针里各钩1针3卷长针]，接下来2针锁针孔眼里钩2针3卷长针、2针锁针、2针3卷长针（中间2针锁针孔眼用记号扣标记），[]里的动作再重复一次，最后一针中长针里钩3针3卷长针。掉头。

第12行：2针锁针，第1针里钩2针中长针，接下来一直到2针锁针孔眼前一针每针里钩1针外钩中长针，2针锁针孔眼里钩1针中长针、2针锁针、1针中长针，接下来一直到倒数第2针，每针里钩1针外钩中长针，最后一针里钩2针中长针。

第13行：5针锁针（算成1针3卷长针），第1针里钩2针3卷长针，{接下来3针里各钩1针3卷长针，[下一针里钩5针3卷长针，（下一针里钩1针3卷长针，跳过下一针不钩）×8次，下一针里钩1针3卷长针，下一针里钩5针3卷长针]×3次，接下来3针各钩1针3卷长针}，接下来2针锁针孔眼里钩2针3卷长针、2针锁针、2针3卷长针（中间2针锁针孔眼用记号扣标记），{}里的动作再重复一次，最后一针中长针里钩3针3卷长针。掉头。

第14、16、18、20行：同第2行。

第15行：5针锁针（算成1针3卷长针），第1针里钩2针3卷长针，{接下来7针里各钩1针3卷长针，[下一针里钩5针3卷长针，（下一针里钩1针3卷长针，跳过下一针不钩）×8次，下一针里钩1针3卷长针，下一针里钩5针3卷长针]×3次，接下来7针各钩1针3卷长针}，接下来2针锁针孔眼里钩2针3卷长针、2针锁针、2针3卷长针（中间2针锁针孔眼用记号扣标记），{}里的动作再重复一次，最后一针中长针里钩3针3卷长针。掉头。

第17行：5针锁针（算成1针3卷长针），第1针里钩2针3卷长针，{下一针里钩1针3卷长针，（下一针里钩1针3卷长针，跳过下一针不钩）×4次，下一针里钩1针3卷长针，下一针里钩5针3卷长针，[下一针里钩5针3卷长针，（下一针里钩1针3卷长针，跳过下一针不钩）×8次，下一针里钩1针3卷长针，下一针里钩5针3卷长针]×3次，下一针里钩5针3卷长针，（下一针里钩1针3卷长针，跳过下一针不钩）×4次，接下来2针里各钩1针3卷长针}，接下来

2针锁针孔眼里钩2针3卷长针、2针锁针、2针3卷长针（中间2针锁针孔眼用记号扣标记），{}里的动作再重复一次，最后一针中长针里钩3针3卷长针。掉头。

第19行：5针锁针（算成1针3卷长针），第1针里钩2针3卷长针，{接下来5针里各钩1针3卷长针，（下一针里钩1针3卷长针，跳过下一针不钩）×4次，下一针里钩1针3卷长针，下一针里钩5针3卷长针，[下一针里钩5针3卷长针，（下一针里钩1针3卷长针，跳过下一针不钩）×8次，下一针里钩1针3卷长针，下一针里钩5针3卷长针]×3次，下一针里钩5针3卷长针，（下一针里钩1针3卷长针，跳过下一针不钩）×4次，接下来6针里各钩1针3卷长针}，接下来2针锁针孔眼里钩2针3卷长针、2针锁针、2针3卷长针（中间2针锁针孔眼用记号扣标记），{}里的动作再重复一次，最后一针中长针里钩3针3卷长针。掉头。

第21行：5针锁针（算成1针3卷长针），第1针里钩2针3卷长针，{接下来9针里各钩1针3卷长针，（下一针里钩1针3卷长针，跳过下一针不钩）×4次，下一针里钩1针3卷长针，下一针里钩5针3卷长针，[下一针里钩5针3卷长针，（下一针里钩1针3卷长针，跳过下一针不钩）×8次，下一针里钩1针3卷长针，下一针里钩5针3卷长针]×3次，下一针里钩5针3卷长针，（下一针里钩1针3卷长针，跳过下一针不钩）×4次，接下来10针里各钩1针3卷长针}，接下来2针锁针孔眼里钩2针3卷长针、2针锁针、2针3卷长针（中间2针锁针孔眼用记号扣标记），{}里的动作再重复一次，最后一针中长针里钩3针3卷长针。掉头。

第22行：同第12行。

第23行：同第13行，注意[]重复5次。

第24行：同第2行。

重复第15~22行的动作1次。注意[]重复5次。

重复第23行和第24行的动作1次。注意[]重复7次。

下1行：4针锁针（算成1针长长针），第1针里钩2针长长针，{接下来7针里各钩1针长长针，[下一针里钩5针3卷长针，（下一针里钩1针长长针，跳过下一针不钩）×8次，下一针里钩1针长长针，下一针里钩5针长长针]×7次，接下来7针里各钩1针长长针}，接下来2针锁针孔眼里钩2针长长针、2针锁针、2针长长针（中间2针锁针孔眼用记号扣标记），{}里的动作再重复一次，最后一针中长针里钩3针长长针。掉头。收针。

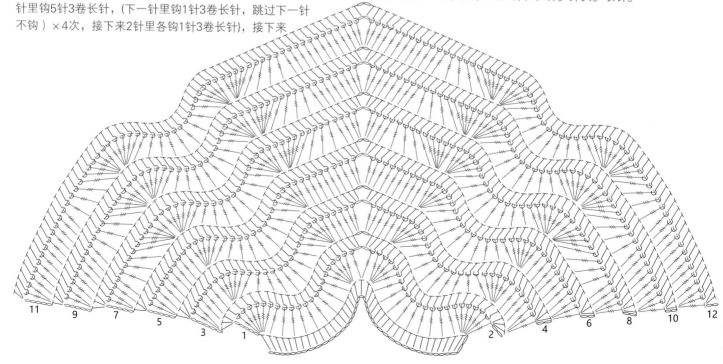

Basic 难度 ★★★★

作品459

工具：3.0mm钩针
尺寸：衣长96.5cm，袖长57cm
钩相应单元花，用方主母格拼接缝合完成。

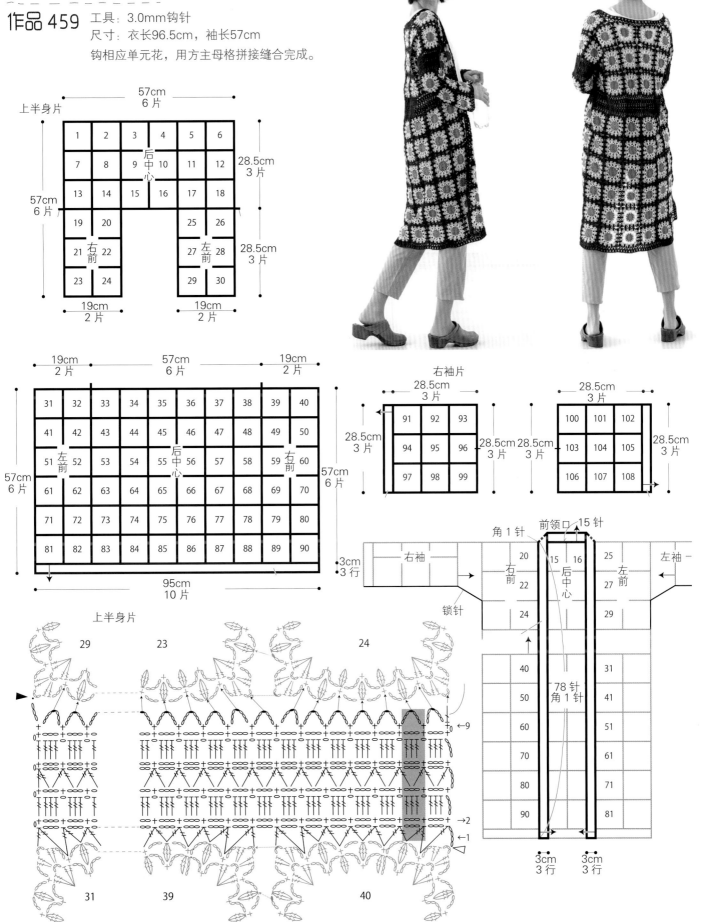

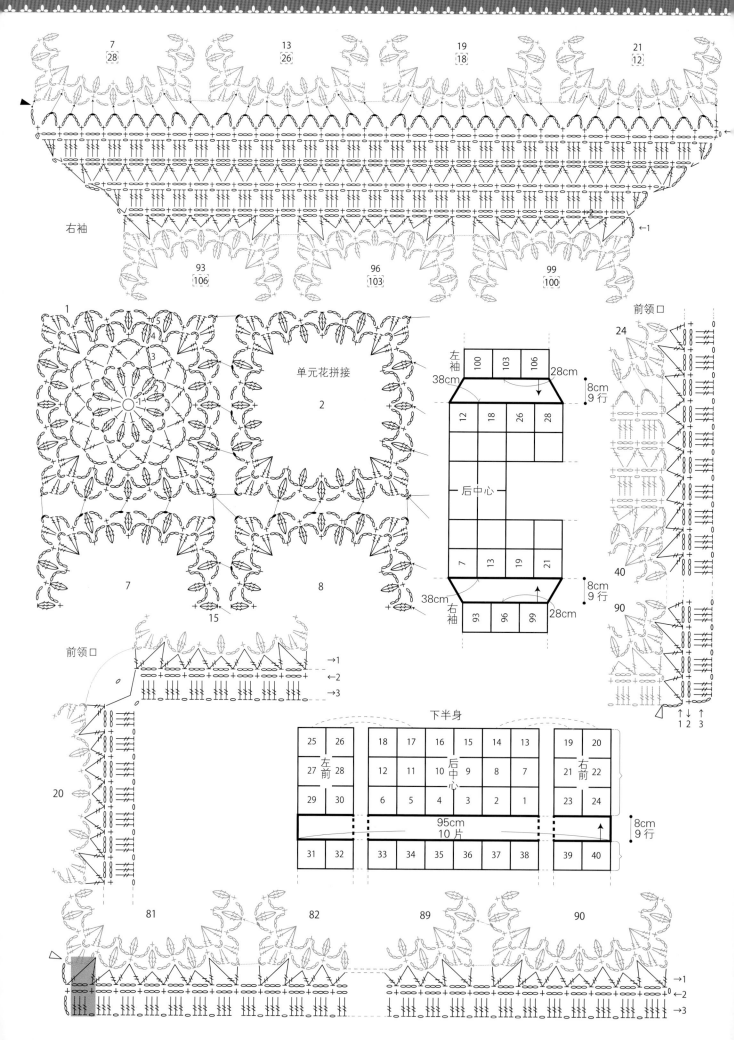

7
28

13
26

19
18

21
12

右袖

93
106

96
103

99
100

前领口

24

40

90

1

单元花拼接

2

左袖
38cm

100 | 103 | 106

28cm

8cm
9行

12 | 18 | 26 | 28

后中心

7 | 13 | 19 | 21

8cm
9行

38cm
右袖

93 | 96 | 99

28cm

7

8

15

前领口

→1
←2
→3

20

↑ ↓ ↑
1 2 3

下半身

25	26		18	17	16	15	14	13		19	20
27	左前 28		12	11	10	后中心 9	8	7		21	右前 22
29	30		6	5	4	3	2	1		23	24

95cm
10片

8cm
9行

| 31 | 32 | | 33 | 34 | 35 | 36 | 37 | 38 | | 39 | 40 |

81

82

89

90

→1
←2
→3

Basic 难度 ★★★★

作品 460　工具：5.0mm钩针
尺寸：81.5cm深，137cm宽

单元花第1行：
基本单元花：
6针锁针，引拔连接到第1针锁针，形成1个环。
第1行：（正面）10针锁针（算成5卷长针和2针锁针），环里钩（5卷长针，2针锁针）×11次，掉头。
第2行：1针锁针，第1针里钩1针短针，1针锁针，（下一个2针锁针孔眼里钩1针短针，3针锁针）×10次，10针锁针的第9针里1针短针，1针锁针，10针锁针的第8针里1针短针，掉头。
第3行：1针锁针，第1针里钩1针短针，3针锁针，最后一针短针里钩引拔针，完成了1个狗牙针。[1针锁针，跳过下一针短针不钩，下一个3针锁针孔眼里钩（1针短针，1个狗牙针，1针锁针，1针短针，1个狗牙针）]×10次，1针锁针，跳过下一个短针和1锁针孔眼不钩，最后一针短针里钩1针短针，1个狗牙针。收针。
第2~9个单元花：
6针锁针，引拔连接到第1针锁针，形成1个环。
第1行和第2行同基本单元花。
第3行：1针锁针，第1针里钩1针短针，1针锁针，引拔连接到连接单元花对应的狗牙针

里。1针锁针，最后一针短针里钩1针引拔针，完成了1个连接狗牙针。1针锁针，跳过下一针短针不钩，下一个3针锁针孔眼里钩（1针短针，连接狗牙针，1针锁针，1针短针，连接狗牙），[1针锁针，跳过下一针短针不钩，下一个3针锁针孔眼里钩（1针短针，1个狗牙针，1针锁针，1针短针，1个狗牙针）]×8次，1针锁针，跳过下一个短针和1针锁针孔眼不钩，最后一针短针里钩1针短针，1个狗牙针。收针。
单元花的第2行：
单元花间的连接：
正面，用线在右边单元花的第4个狗牙针处引拔起钩，5针锁针，左边单元花的第4个狗牙针里钩1针引拔针，3针锁针，下个狗牙针里钩1针引拔针，5针锁针，5针锁针孔眼里钩1针短针，5针锁针，右边单元花下一个狗牙针里钩1针引拔针，掉头。3针锁针，下一个狗牙针里钩1针引拔针，3针锁针，下一个5针锁针孔眼里钩1针短针，5针锁针，下一个5针锁针孔眼里钩1针短针，3针锁针，左边单元花的下一个孔眼里钩1针引拔针。收针。
第1个单元花的第2行：
单元花间连接的5针锁针孔眼里起钩引拔针。
第1行和第2行同基本单元花。
第3行：1针锁针，第1针里钩1针短针，1针锁针，前面一行的连接单元花的第11个狗牙针里钩1个狗牙针，[1针锁针，跳过下一针短针不钩，下一个3针锁针孔眼里钩（1针短针，1个狗牙针，1针锁针，1针短针，1个狗牙针）]×10次，1针锁针，跳过

下一个短针和1针锁针孔眼不钩，最后一针短针里钩1针短针，前面一行的下一个连接单元花的第12个狗牙针里钩1个狗牙针，收针。
第2~8个单元花的第2行：
5针锁针孔眼里起钩引拔针。
第1行和第2行同基本单元花。
第3行：1针锁针，第1针里钩1针短针，1针锁针，前面一行的连接单元花的第11个狗牙针里钩1个狗牙针，1针锁针，跳过下一针短针不钩，下一个3针锁针孔眼里钩（1针短针，连接狗牙针，1针锁针，1针短针，连接狗牙），[1针锁针，跳过下一针短针不钩，下一个3针锁针孔眼里钩（1针短针，1个狗牙针，1针锁针，1针短针，1个狗牙针）]×9次，1针锁针，跳过下一个短针和1针锁针孔眼不钩，最后一针短针里钩1针短针，前面一行的下一个连接单元花的第12个狗牙针里钩1个连接狗牙针，收针。
参考图表，钩完45个单元花，正面，单元花的第1行边缘的短针里钩引拔针，披肩的边缘钩1行短针。收针。

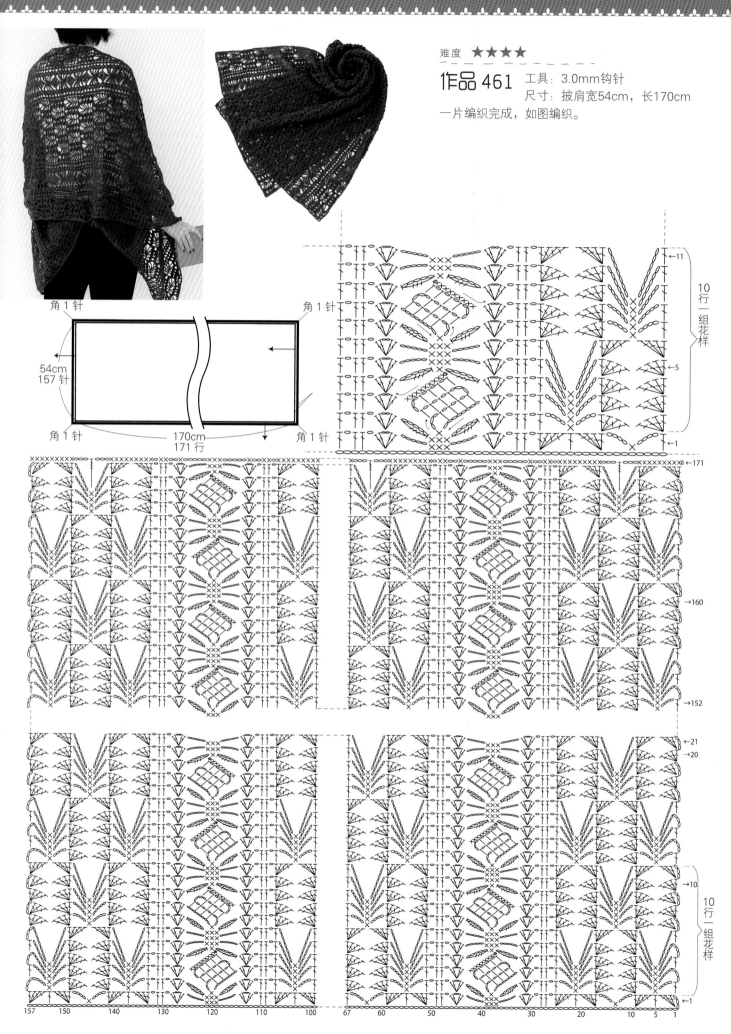

难度 ★★★★

作品 461　工具：3.0mm钩针
尺寸：披肩宽54cm，长170cm
一片编织完成，如图编织。

角1针　　　　　　　　角1针

54cm
157针

角1针　　170cm　　角1针
171行

难度 ★★★

作品 462

工具：8.0mm钩针
尺寸：胸围100cm，衣
长69cm，肩宽50cm

分片钩织，前片1片，后片1片，袖子2
片。缝合完成。

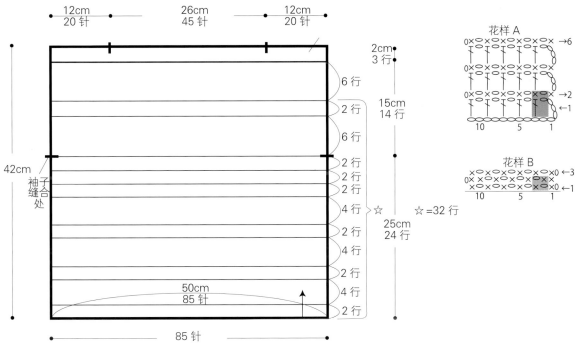

12cm / 20 针　　26cm / 45 针　　12cm / 20 针

2cm / 3 行

6 行

15cm / 14 行

2 行

6 行

2 行
2 行
2 行

42cm

袖子缝合处

4 行 ☆ ☆ =32 行

2 行

25cm / 24 行

4 行

2 行

4 行

50cm / 85 针

2 行

85 针

花样 A

0× ×0× ×0× ×0× ×0× → 6
0× ×0× ×0× ×0× ×0× → 2　← 1
10　　　5　　　1

花样 B

0× ×0× ×0× ×0× ×0 → 3
0× ×0× ×0× ×0× ×0 ← 1
10　　　5　　　1

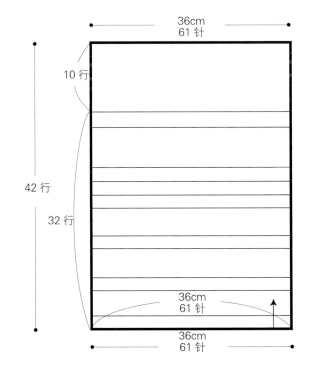

36cm / 61 针

10 行

42 行

32 行

36cm / 61 针

36cm / 61 针

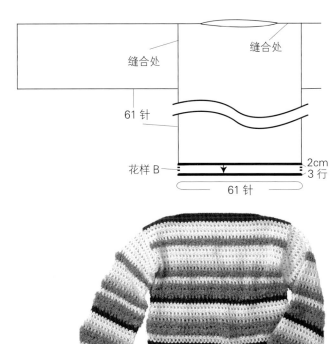

缝合处　　缝合处

61 针

61 针

花样 B　　2cm / 3 行

61 针

难度 ★★★★

作品463
工具：4.0mm钩针，2号棒针
尺寸：衣长50.5cm，袖长21.5cm
分片钩织，前片1片，后片1片，袖片2片。缝合完成。

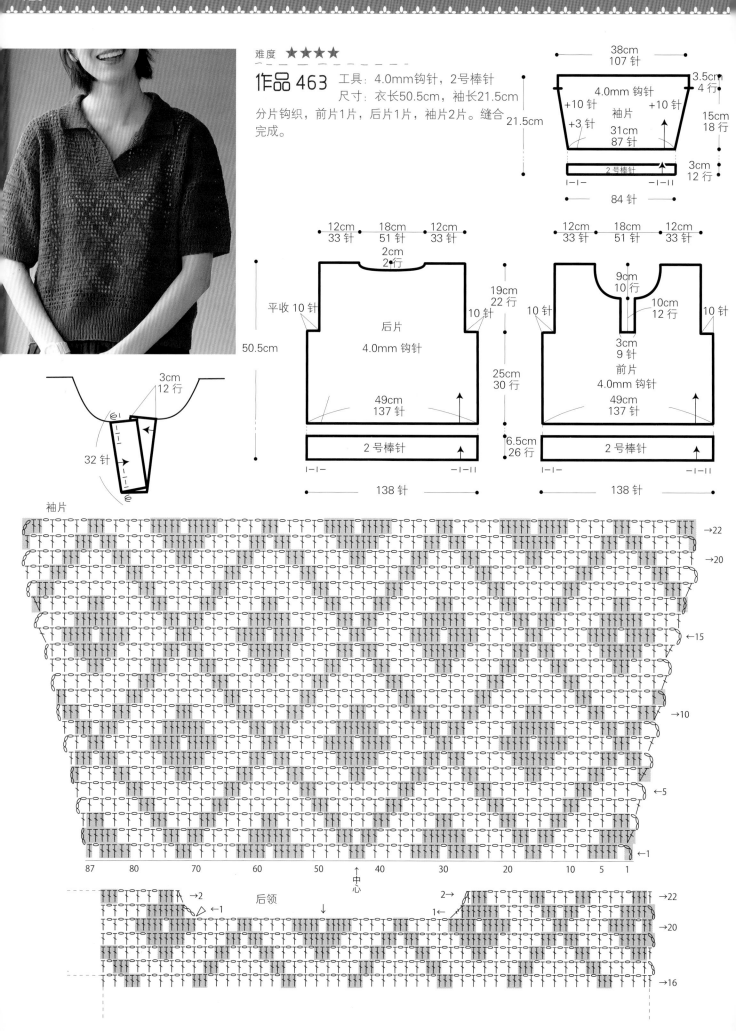

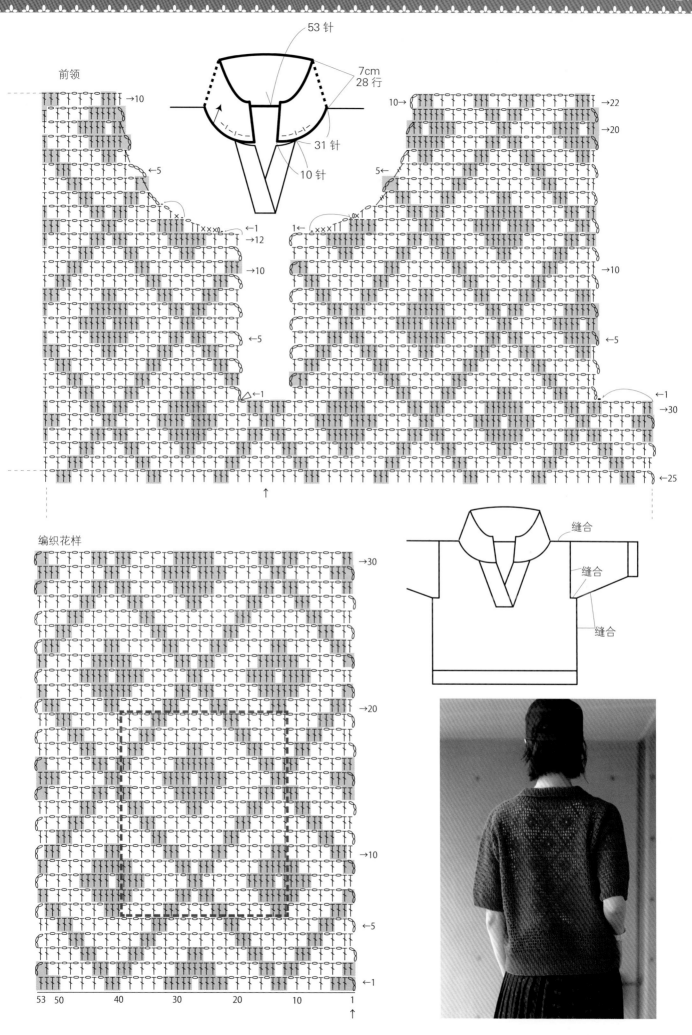

前领

53 针

7cm
28 行

31 针

10 针

→10
←5
←1
→12
→10
←5
△←1
←25

10→
→22
→20
5←
1←
0×1
→10
←5
←1
→30

编织花样

→30
→20
→10
←5
←1

53　50　　　40　　　30　　　20　　　10　　　1

缝合
缝合
缝合

难度 ★★★

作品464 工具：6.0mm钩针，6号棒针

尺寸：儿童款腰围76cm，成人款
腰围95cm

方主母格拼接编织完成，如图编织。

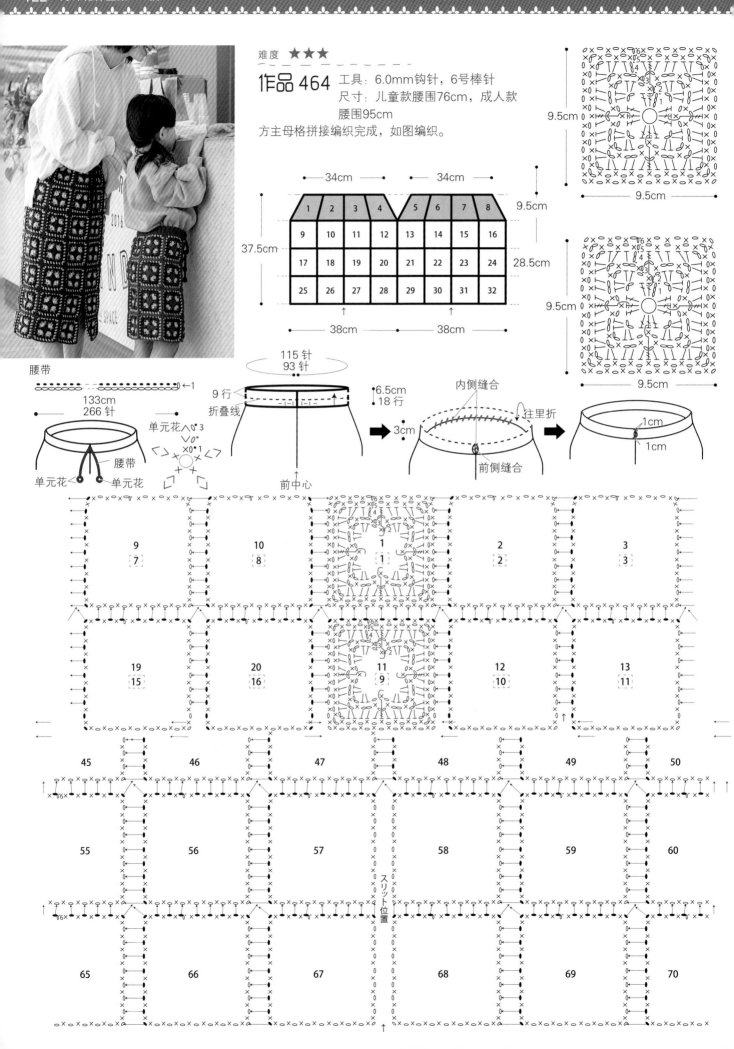

腰带

单元花

133cm
266针

腰带

单元花

单元花

115针
93针

9行

折叠线

前中心

6.5cm
18行

3cm

内侧缝合

往里折

前侧缝合

1cm

1cm

难度　★★★

作品465
工具：10.0mm钩针，10号棒针
尺寸：披肩长36.5cm

分片编织，前片1片，后片1片，拼接缝合，如图编织。

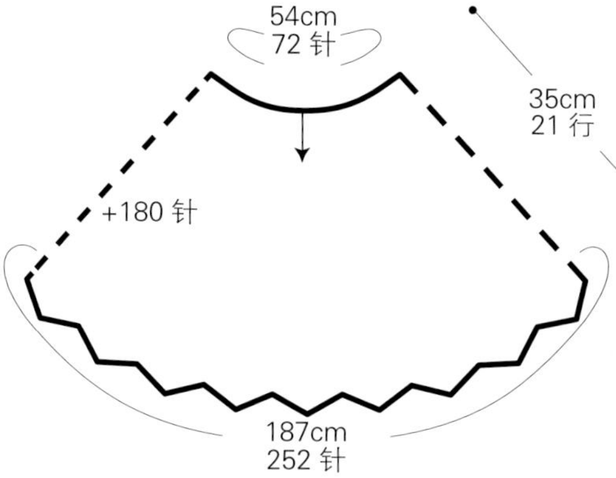

54cm
72 针

35cm
21 行

+180 针

187cm
252 针

毛线球制作方法

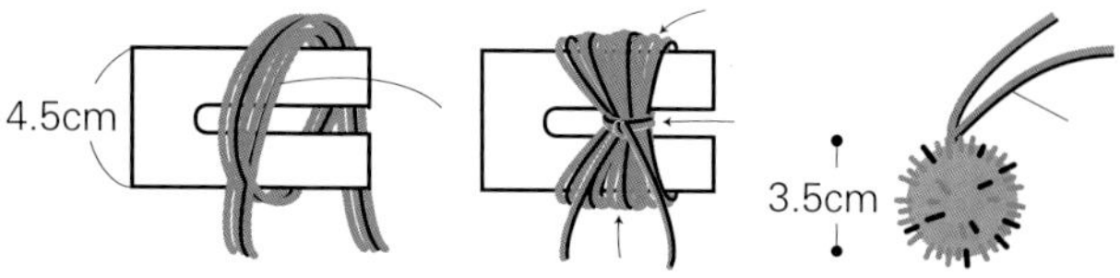

4.5cm

3.5cm

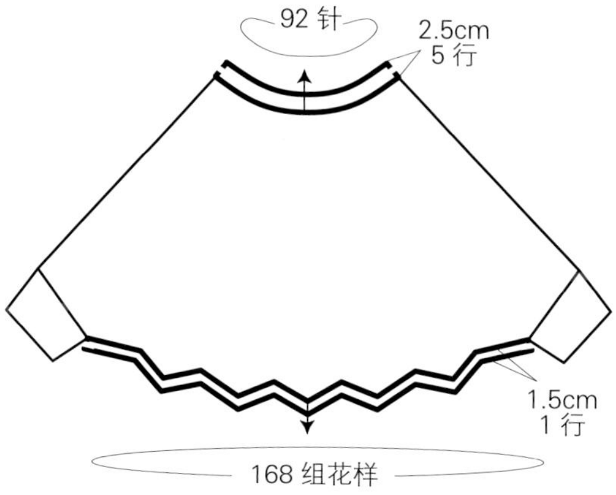

92 针

2.5cm
5 行

1.5cm
1 行

168 组花样

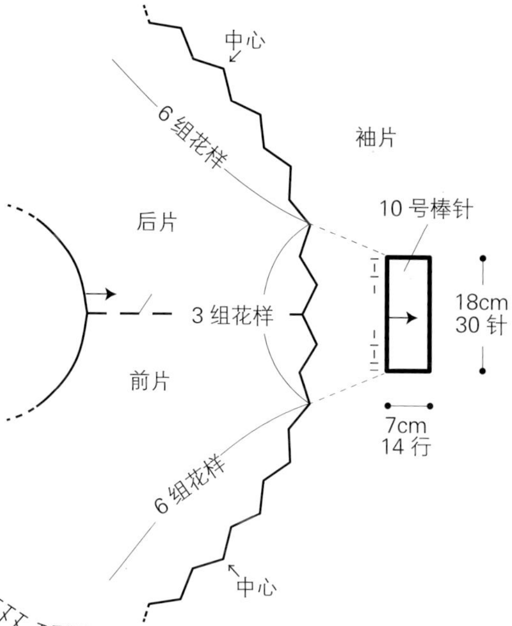

中心

6 组花样

袖片

后片

10号棒针

3 组花样

18cm
30 针

前片

6 组花样

7cm
14 行

中心

重复9次

21

20

15

10

5

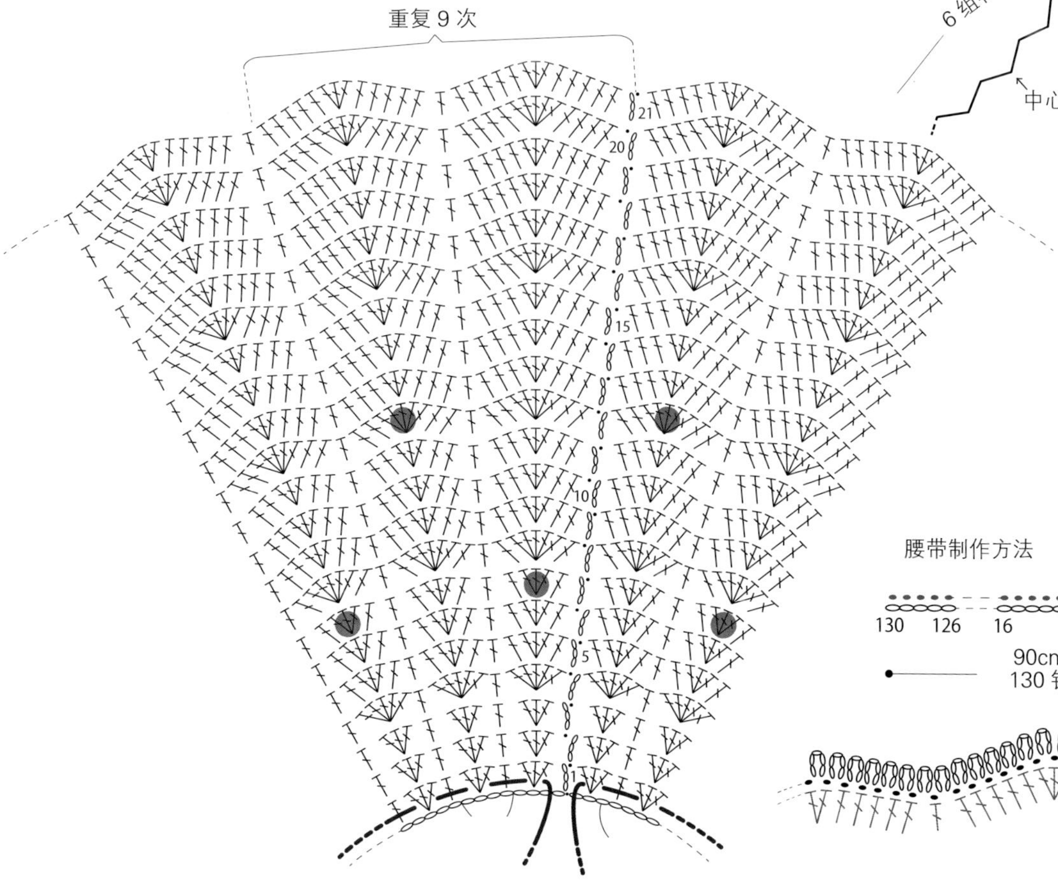

腰带制作方法

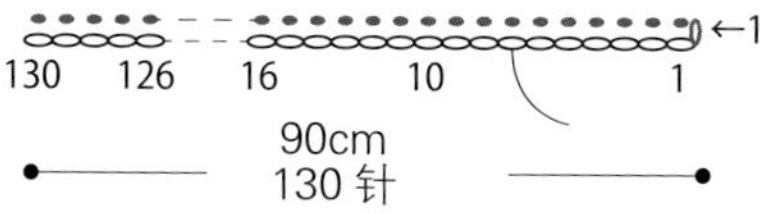

130　126　16　10　1　←1

90cm
130 针

1 组花样

←1

21

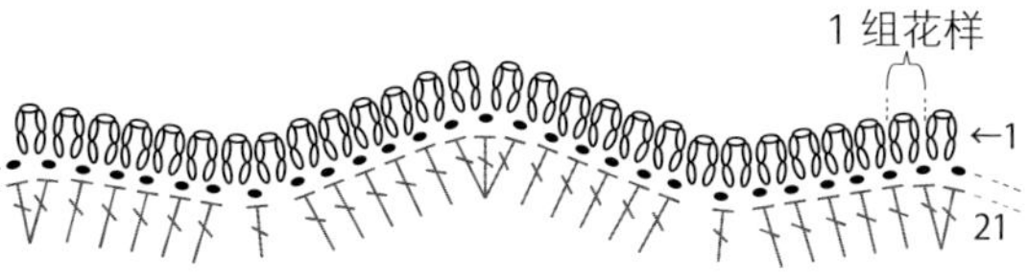

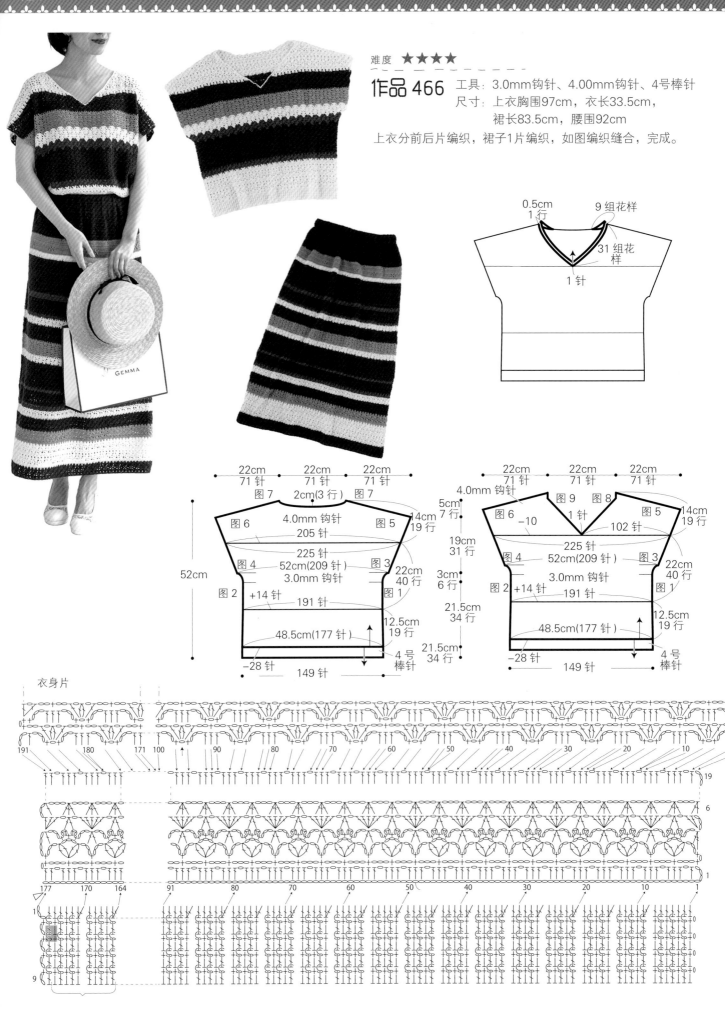

难度 ★★★★

作品 466 工具：3.0mm钩针、4.00mm钩针、4号棒针
尺寸：上衣胸围97cm，衣长33.5cm，
裙长83.5cm，腰围92cm

上衣分前后片编织，裙子1片编织，如图编织缝合，完成。

衣身片

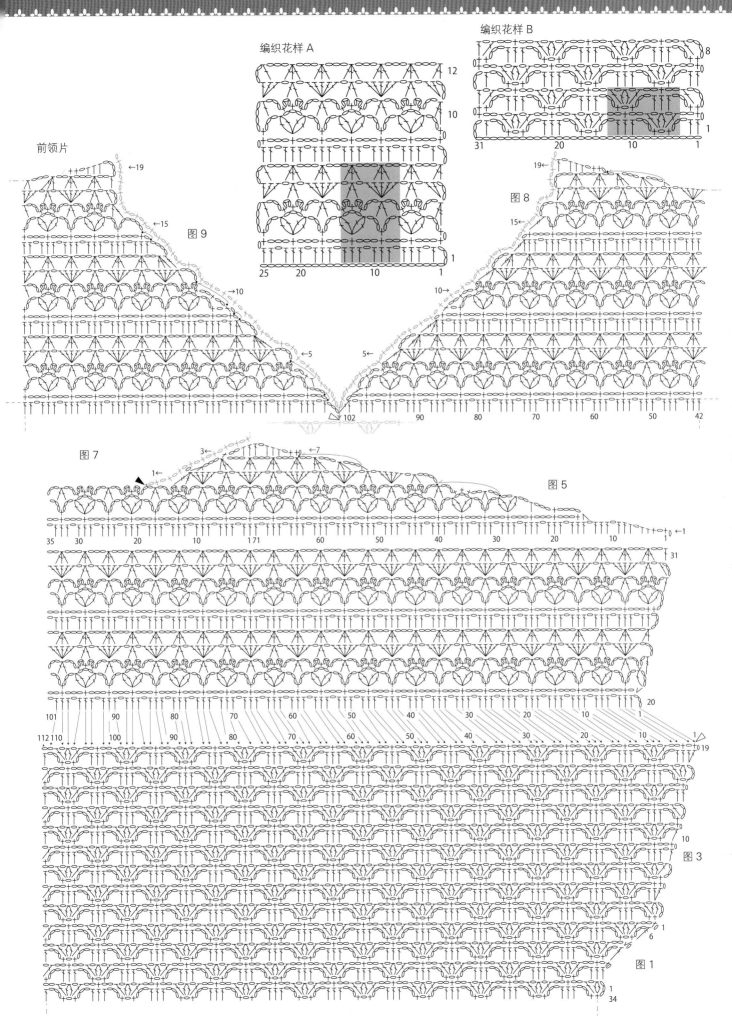

编织花样 A

编织花样 B

前领片

图 9

图 8

图 7

图 5

图 3

图 1

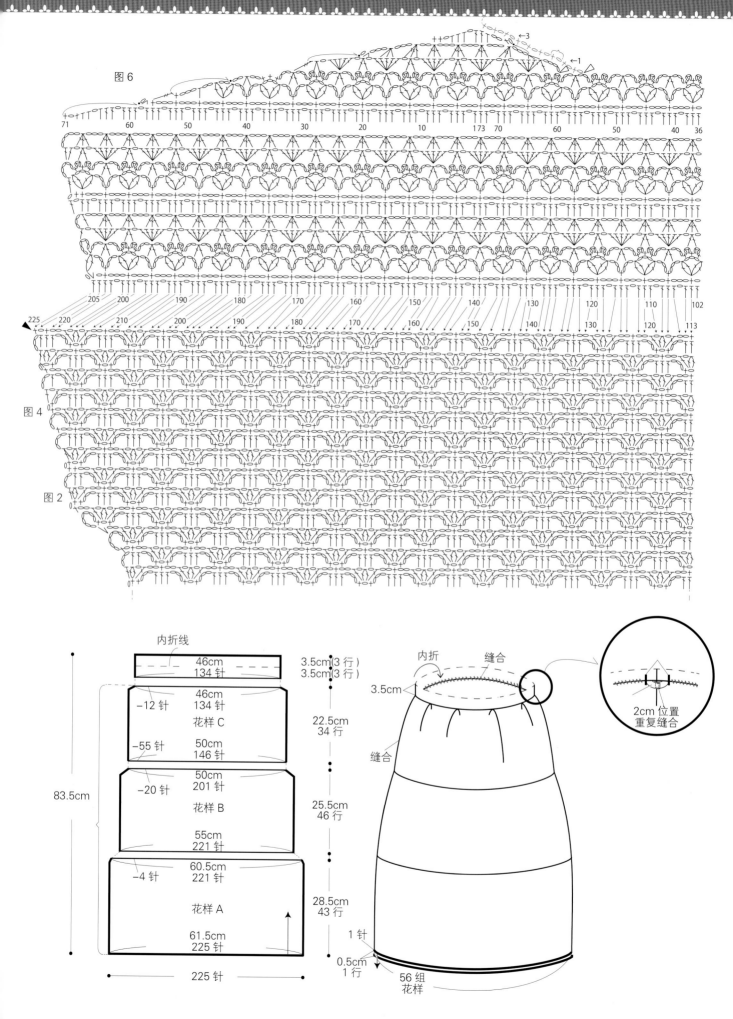

图6

71　　60　　50　　40　　30　　20　　10　　173　70　　60　　50　　40　36

205　200　190　180　170　160　150　140　130　120　110　102

225　220　210　200　190　180　170　160　150　140　130　120　113

图4

图2

内折线

46cm
134 针

3.5cm(3 行)
3.5cm(3 行)

46cm
134 针

−12 针

花样 C

22.5cm
34 行

−55 针

50cm
146 针

50cm
201 针

−20 针

花样 B

25.5cm
46 行

55cm
221 针

60.5cm
221 针

−4 针

花样 A

28.5cm
43 行

61.5cm
225 针

83.5cm

225 针

1 针

0.5cm
1 行

56 组
花样

内折

缝合

缝合

3.5cm

2cm 位置
重复缝合

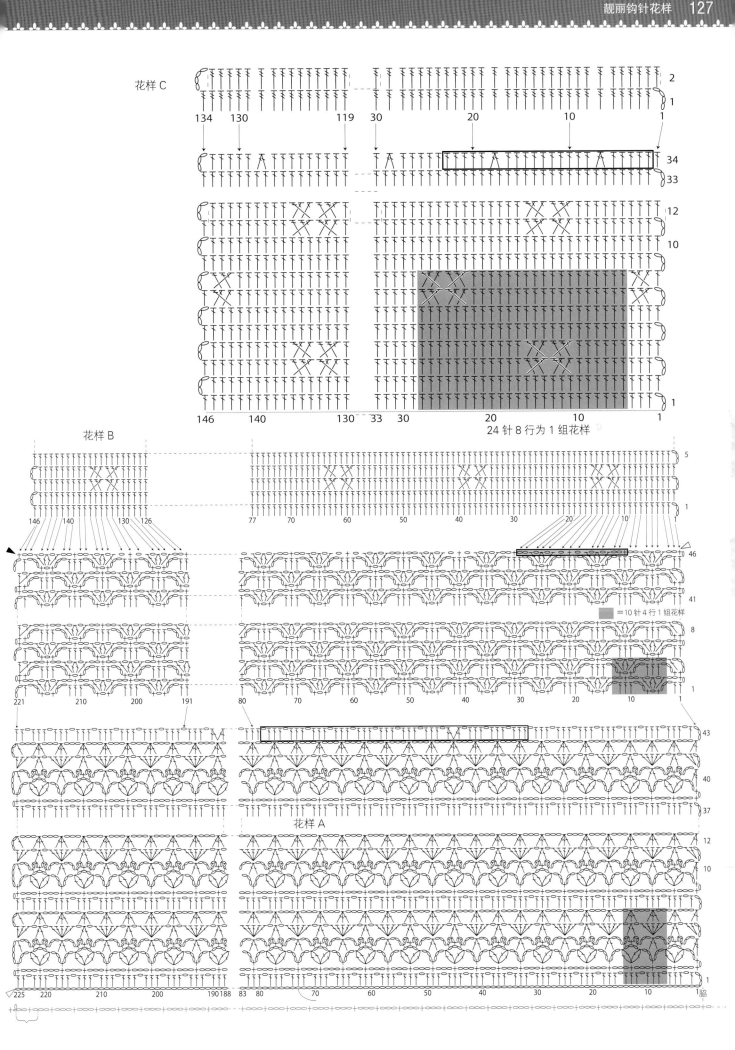

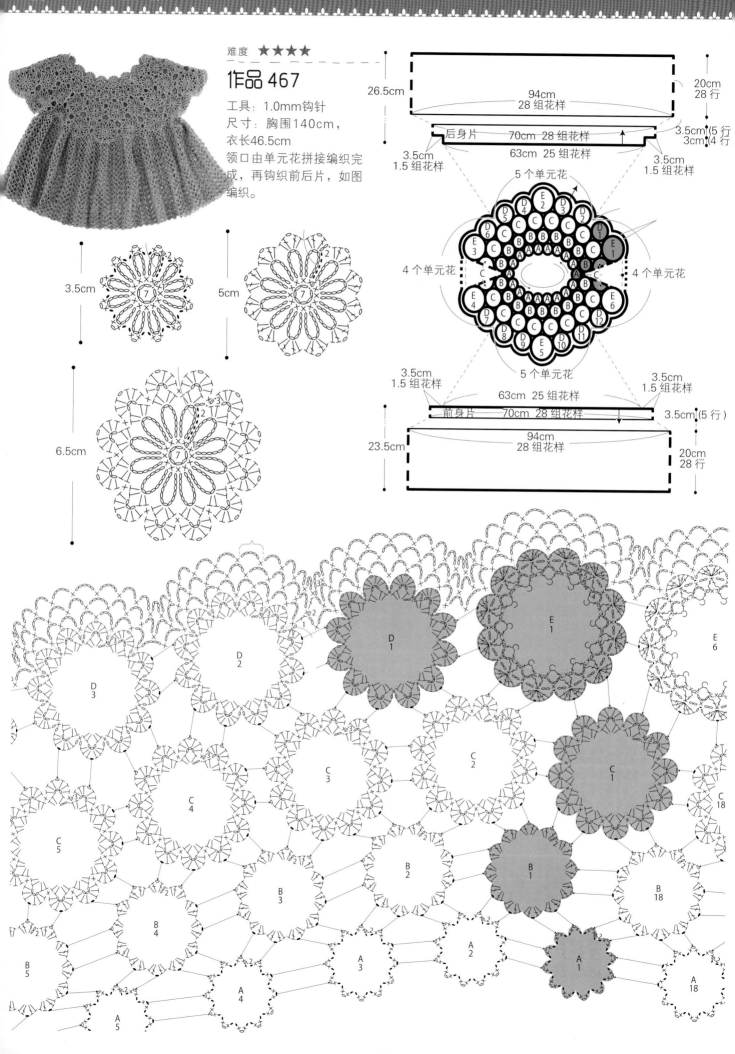

难度 ★★★★

作品467

工具：1.0mm钩针
尺寸：胸围140cm，
衣长46.5cm
领口由单元花拼接编织完
成，再钩织前后片，如图
编织。

7cm

8cm

后片　　　　　　　　　　　　　　　　前片

D
3

D
2

D
1

D
12

D
11

★

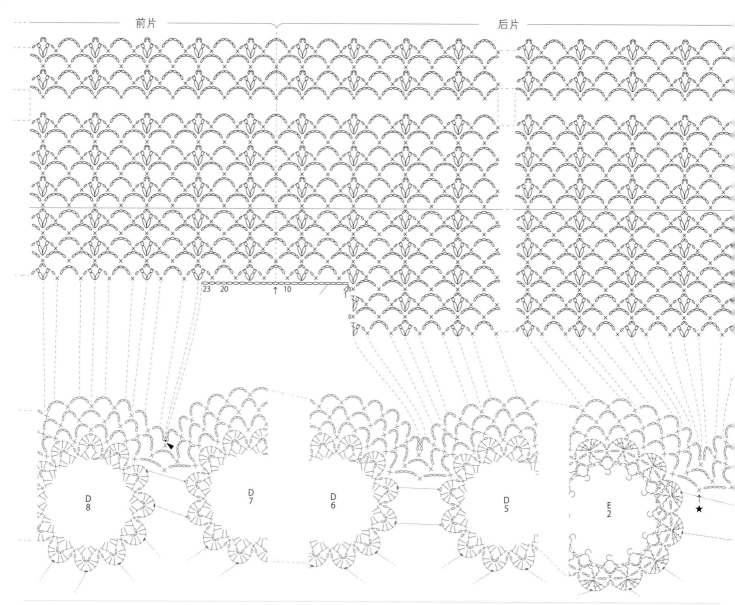

难度 ★★★

作品 468　工具：4.0mm钩针
尺寸：胸围105cm，衣
长56cm，肩宽26cm
先钩身片单元花，再钩前后领口，进行缝
合，完成。

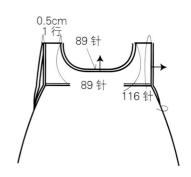

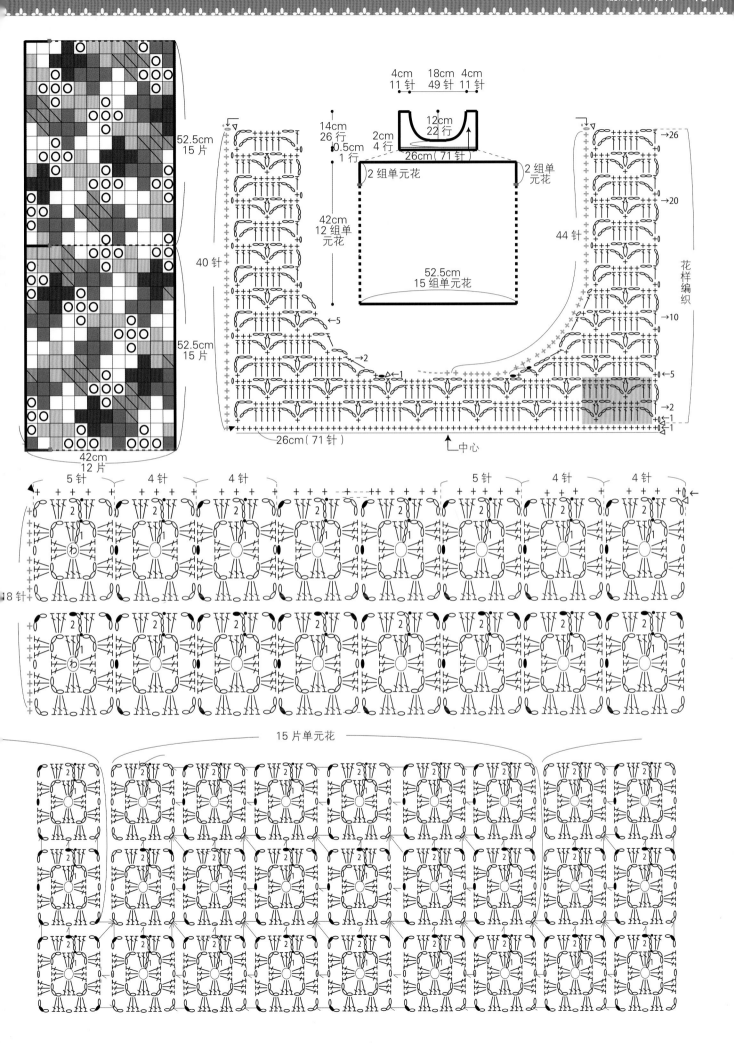

4cm　18cm　4cm
11针　49针　11针

12cm
22行

14cm
26行
0.5cm
1行

2cm
4行

26cm（71针）

2组单元花　　2组单元花

42cm
12组单
元花

52.5cm
15组单元花

44针

花样编织

52.5cm
15片

40针

52.5cm
15片

←5

←2

←1

→26

→20

→10

→5

→2

→1

42cm
12片

26cm（71针）

中心

5针　4针　4针　　　　5针　4针　4针

わ

わ

18针

15片单元花

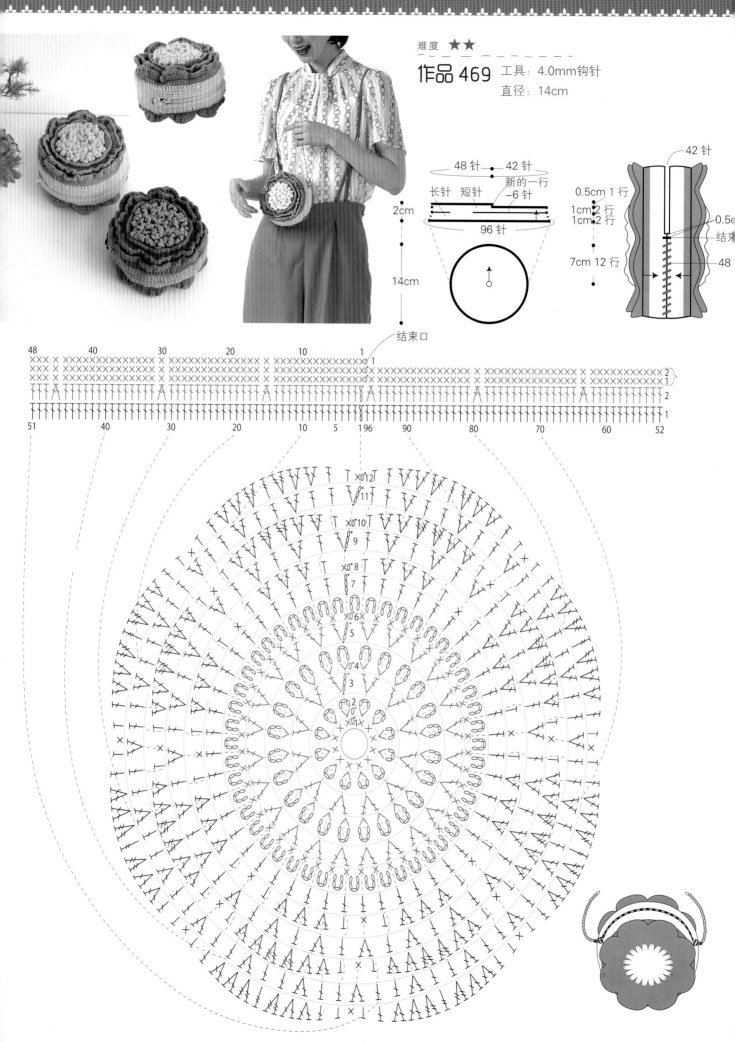

难度 ★★

作品 469　工具：4.0mm钩针
　　　　　直径：14cm

48针　42针
长针　短针　新的一行
　　　　　　　－6针
96针

2cm

14cm

结束口

42针

0.5cm 1 行
1cm 2 行
1cm 2 行
结束

7cm 12 行

48

难度 ★★★

作品 470 工具：4.0mm钩针、5.0mm钩针

尺寸：胸围100cm，衣长48cm，袖长50.5cm

分片钩织，前片1片，后片1片，袖片2片。缝合完成。

前片/后片

13cm / 40针　24cm / 71针　13cm / 40针

11cm / 36行

18cm / 28行

30cm / 45行

4.0mm 钩针

腋下缝合口

50cm / 151针

后片

13cm / 40针　24cm / 71针　13cm / 40针

48cm

4.0mm 钩针

50cm / 151针

腋下缝合口

袖片

62针　1cm / 3行

78针

5.0mm 钩针

104针

4.0mm 钩针

260针

袖片

36cm / 107针

4.0mm 钩针 +8针

35cm / 52行

50.5cm

4.0mm 钩针

30cm / 91针

5.0mm 钩针

6cm / 9行

9.5cm / 13行

31cm / 91针

编织花样

领口编织花样

5.0mm 钩针

91针锁针

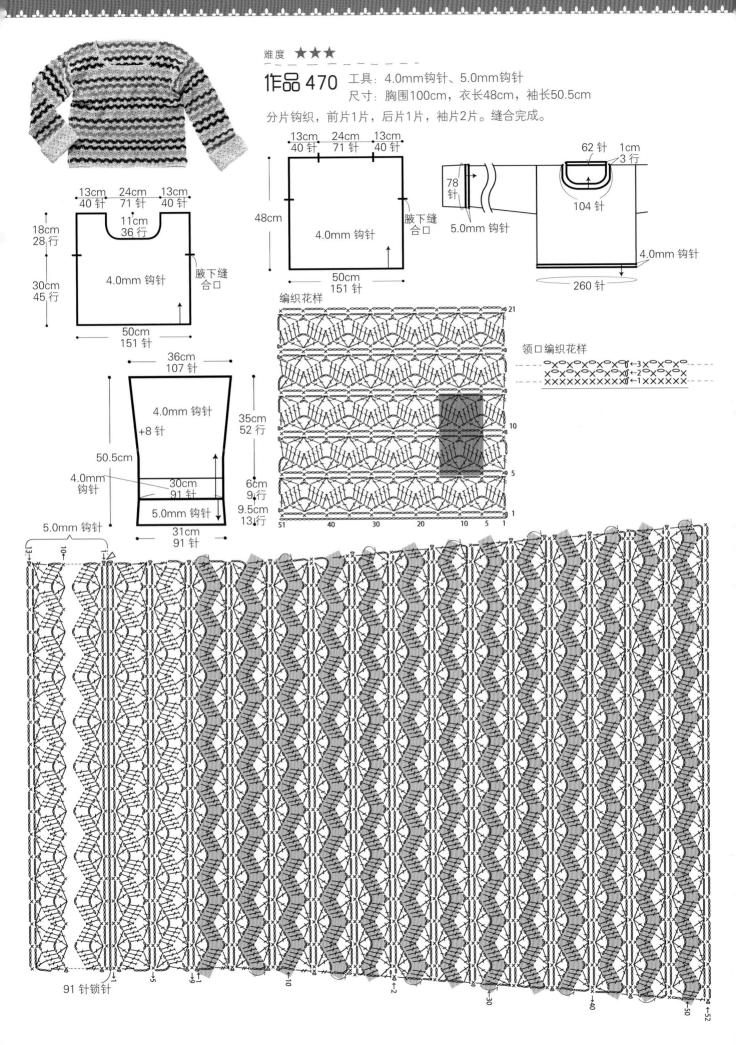

前片

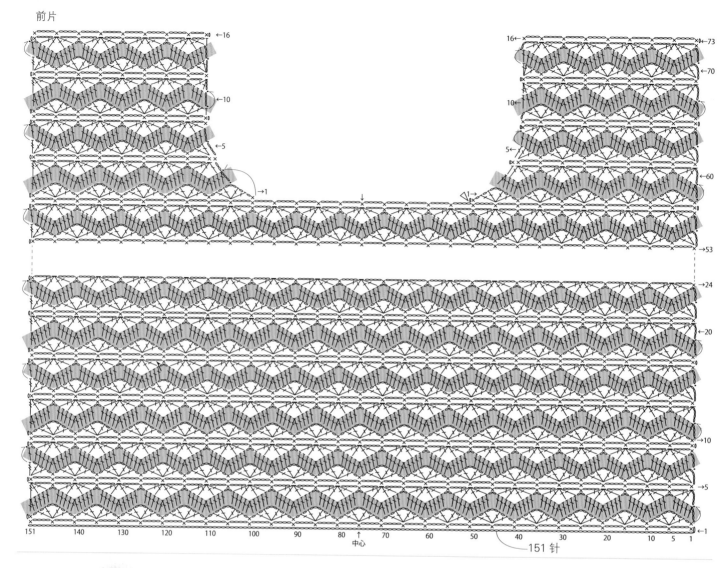

难度 ★★★

作品471　工具：4.0mm钩针

尺寸：宽45.5cm，长178cm

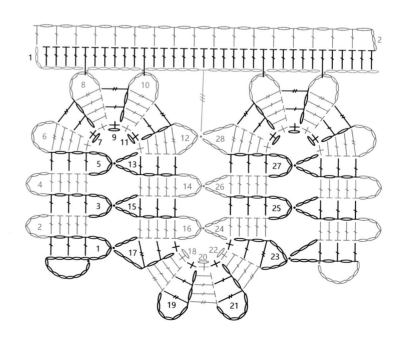

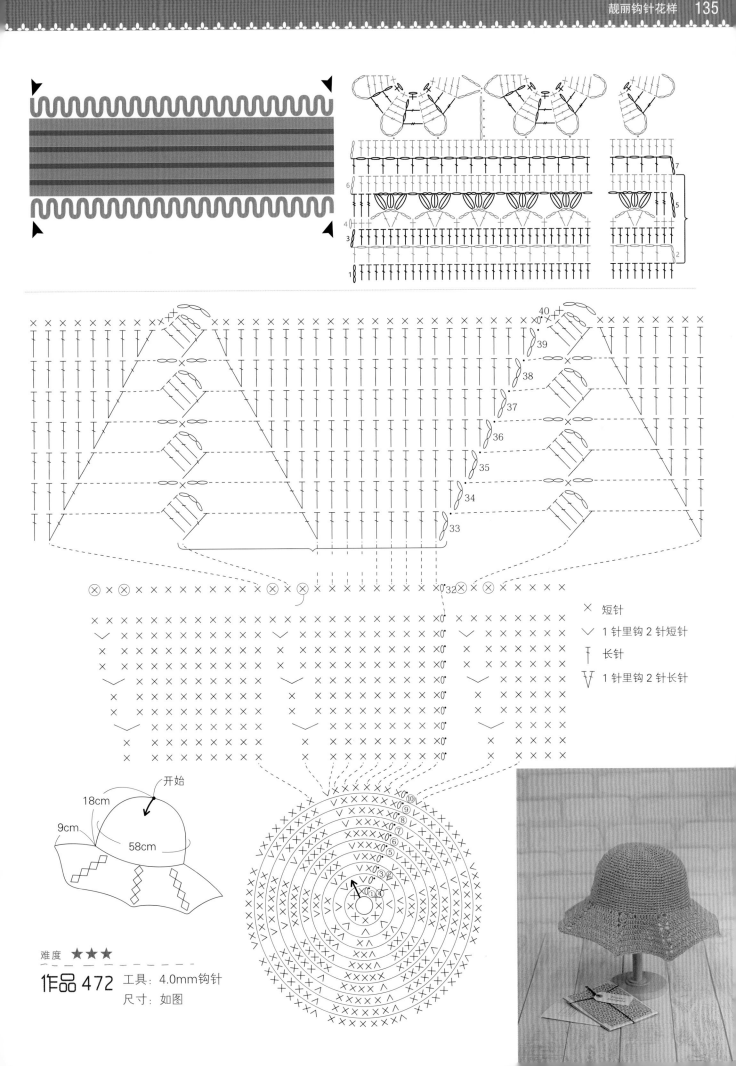

	符号
×	短针
∨	1 针里钩 2 针短针
†	长针
⋁	1 针里钩 2 针长针

开始

18cm

9cm

58cm

难度 ★★★

作品 472　工具：4.0mm钩针
　　　　　 尺寸：如图

难度 ★★★

作品473 工具：5.0mm木柄钩针
尺寸：100cm×113cm

先钩织需要的单元花数量，再按照如结构图排列方法将单元花组合在一起。单元花连接方法见花样图。

花样图

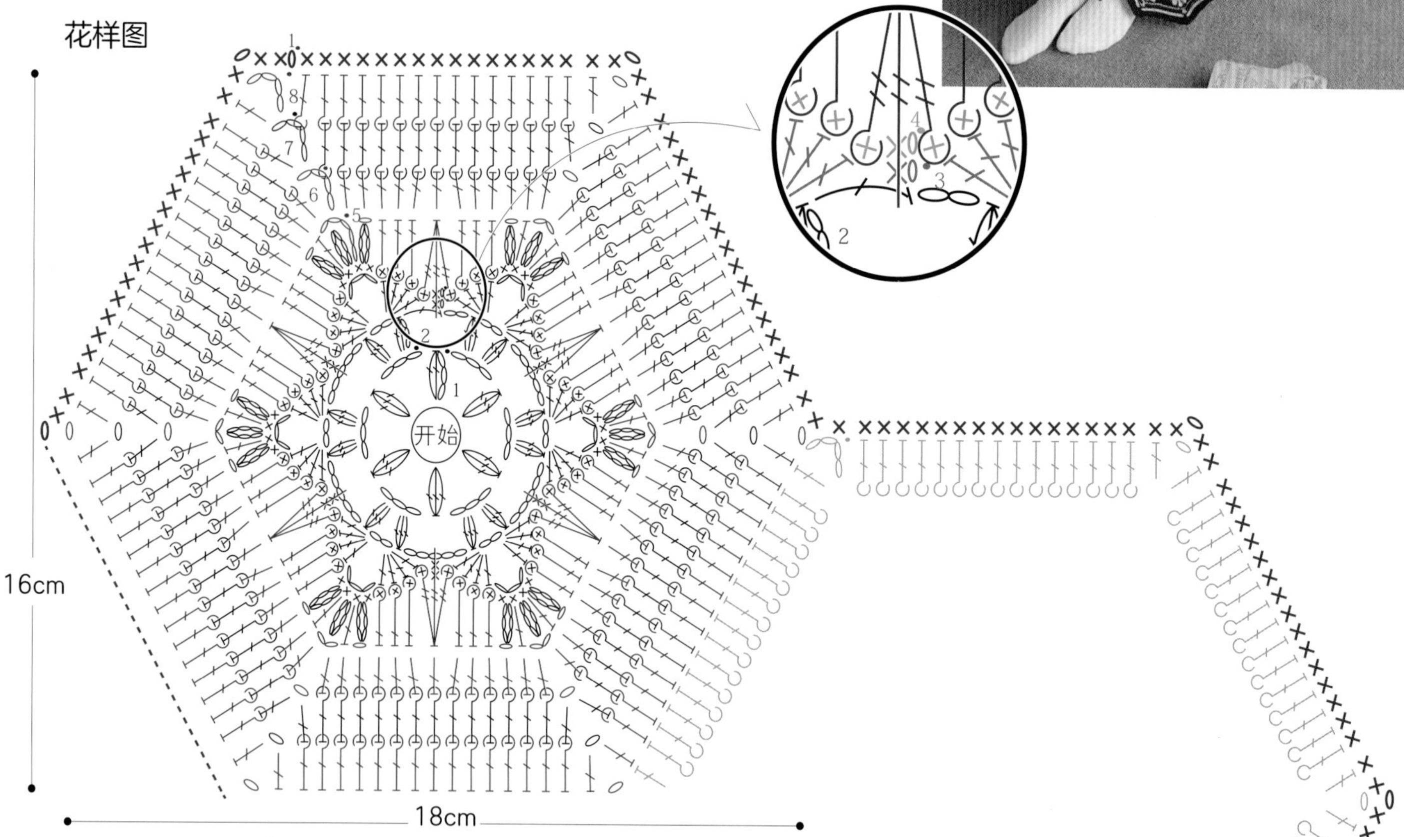

16cm

18cm

结构图

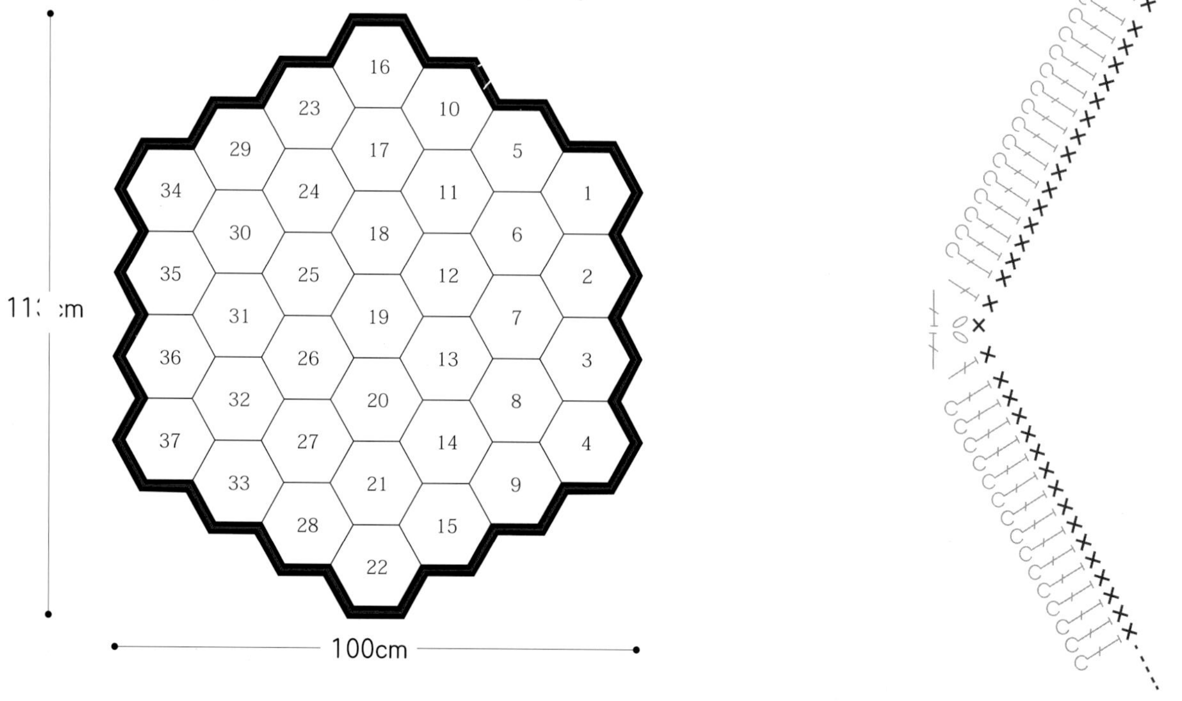

113cm

100cm